U0323994

现代建筑在中国的实践
(1920—1960)
Practice of Modern Architecture in China

黄元炤 著
Huang Yuanzhao

中国建筑工业出版社

图书在版编目（CIP）数据

现代建筑在中国的实践（1920～1960） / 黄元炤著. — 北京 ： 中国建筑工业出版社，2015.12
ISBN 978-7-112-18644-0

Ⅰ.①现… Ⅱ.①黄… Ⅲ.①建筑—研究—中国—1920～1960 Ⅳ.①TU-092.7

中国版本图书馆CIP数据核字（2015）第265701号

责任编辑：李　鸽　毋婷娴
书籍设计：黄元炤
项目摄影：黄元炤
责任校对：焦　乐　张　颖

感谢北京建筑大学建筑设计艺术研究中心建设项目的支持

现代建筑在中国的实践（1920—1960）
Practice of Modern Architecture in China
黄元炤　著
Huang Yuanzhao

*
中国建筑工业出版社出版、发行（北京海淀三里河路9号）
各地新华书店、建筑书店经销
北京云浩印刷有限责任公司印刷

开本：889×1194 毫米 1/20 印张：25 字数：952千字
2017年9月第一版 2017年9月第一次印刷
定价：115.00元
ISBN 978 - 7 - 112 - 18644 - 0
　　　　（27944）

前言

　　因为种种原因，现代主义思想、现代建筑在 20 世纪的中国发展之路上尚未被认真对待过，如同裹着一层薄薄的纱，灰蒙蒙的让人无法直接触及；而中国建筑师从何时开始真正拥抱现代主义思想、现代建筑也是众说纷纭，如同一个时代的片断，被迫地让人漠视与遗忘，更无须谈及与世界现代建筑的交互辩证了。

　　因此，本书着重探讨中国建筑师的**现代建筑在中国的实践**，以一种历史研究的视角深入解析在中国的语境与文化框架下如何去定义**"中国的现代主义思想、现代建筑"**，及其与"世界的现代主义思想、现代建筑"的异同；并且通过现代建筑的作品来直面现代建筑思想脉络的可寻与思考的特征，哪怕在作品中，只残存一丝倾向于现代建筑的轨迹与线索，都需把"它"介绍出来，好让一座倾向于中国现代建筑的余景耸立在建筑史的千江万水之中；目的并不在于奉承或述写现代建筑的风格于世人面前，而是要真正地细致窥究**"中国的现代主义思想、现代建筑"**产生的内容与意义，及其内在对现代性追求所保有的那份执着与纯粹。这些，对于现代主义思想、现代建筑在中国的发展都弥足珍贵，是毫无疑问的，只有重温**"中国的现代主义思想、现代建筑"**的精神内涵，才能让 20 世纪的中国与世界建筑史紧紧地联系在一起。

目录

前言

关于现代主义思潮、现代建筑

现代主义思潮、现代建筑在中国实践的观察（1920—1960）

现代的序幕，现代知识与机械，推向现代时期，产生现代性的思考

在人类文明史上，18世纪是一个重要的时期，发生了两个重要运动，即启蒙运动与工业革命，促使人类在知识、文化、思想及产业方面有了革命性的突破。启蒙运动启迪了人类的思想与行为，冲击了古典的封建神权统治，揭开了人类迈向现代知识生产的序幕；工业革命的机械制造，让人类在创作思维上有了改变，它是一项产业革命，开启了机械时代，是人类在现代化进程中不可取代的力量。启蒙运动的现代知识与工业革命的现代机械，最终把人类从古典（传统）时期引导、推向了现代时期，进而产生了现代性的思考与思想。

1640年英国资产阶级革命后西方开始了近代社会历程，此时中国正处于清朝的古代封建时期（1636年，皇太极改国号为大清）。启蒙运动始于17世纪末18世纪初，工业革命始于18世纪下半叶，西方在近代时期完成了古典（传统）走向现代的过程，并经由殖民活动扩散到世界各地。

而中国直到1840年鸦片战争后才进入到近代历程，晚了西方近200年。

就在启蒙运动发生的阶段，中国最后一个封建王朝清朝正处于"康乾盛世"（康熙1662年即位，雍正1723年登基，1736年乾隆继位），人口数倍于明朝，制度改革，欧洲人推崇中国文化、思想与艺术（18世纪中国风）。到了乾隆末年，清政府开始走向衰落，政治腐败，各地民变，这时是工业革命发生的阶段，而之后清朝掌政者（1799年之后）的施政风格日趋保守和僵化，濒临全面颓废崩溃之势。因此，在盛世期间，清政府没有接受或迎向这一波人类文明史上的重大变革；盛世之后，也没有能力赶上，结果就没有顺势接受现代知识与机械所带来势不可挡的现代化进步。这之中，虽或多或少曾贴近过现代化，但作用都不大。

总之，封建社会的中国（清政府）对于人类文明史上的现代化变革是失败的，也导致之后以一种相对屈辱、战败的方式向世界开放（19世纪中叶后）。开放后，便是中国近代历程的开启，在经过了一段冗长的时间（1840—1911年），在碰撞、冲击与辩证之后才逐渐从古典的过去走出，迎向现代化，当换了一个政体后，进行了中国近代社会的革命性变革。

可以判断，从19世纪中叶到20世纪初，是中国近代社会真正从古典过渡到现代的时期。这一时期，新（现代）事物陆续进入中国，促使着城市有了建设，视野有了改变，知识有了宽度，经济有了转机，生活有了更新。就建筑而言，工业革命后产生的新材料与工法引入中国后，让旧（传统）的营造、建造观有了改变，加上人员的流动（留学）与回归，思潮的涌起，现实的状况、实践也有了变化，进而衍生出新（现代）的设计观，创造出新（现代）建筑，并同步于世界（在20世纪初期，现代建筑被称为新建筑）。

中国的现代主义思想、现代建筑——面向进步与自由，改变过往与既有，对艺术精神的向往

世界上的新（现代）建筑不是随机产生的，它是由工业革命引起的对于社会生产与生活方式的大变革。在19世纪，因工业革命后工业的大发展，以及人口增多导致城市需求不断地扩大，以经济和实用为主，包括自有住宅、商业、办公、工厂、铁路等各类建筑急需建造，这些建筑的需求已胜过为古典体系所服务的宫殿、庙宇和陵墓。同时也出现新形态的展览建筑，新的功能被提出。多样化导致所需用地增多，跨度增大，而城市中的商业与医院项目的功能也趋多样化，有着复杂性。以上的原因，都让房子需增加楼层，赋予灵活的现代功能布局来满足现状所需。因此，需要有新的设计观及结构体系来支撑。于是，新的材料（铁、钢、水泥等）便逐渐取代旧的材料（木、砖、砂、石等）用于房屋结构，并出现了钢筋混凝土结构，可以支撑新（现代）建筑产生，建筑得到飞跃发展。

以上新（现代）建筑形成的前因与情况，也体现在中国近代社会历程中。

新的材料（铁、钢、水泥等）取代旧的材料（木、砖、砂、石等） | 新结构体系（钢骨、钢筋混凝土结构）用于房屋结构上 | 中国古典（传统）建筑木构架体系，受力的是柱，墙是不承重的 | 现代建筑的结构体系，古典的柱式简化，"墙"瞬间得到了解放 | 现代生活所要的经济、实用、舒适、安逸与方便之感

中国近代社会在洋务运动时期（19世纪中叶后），因新（现代）事物的导入，促使旧（传统）城市需要更新，因它已无法满足人的生活需求，加上战争频繁，逃难民众增加，涌入某特定区域，城市中居住问题急需解决，所以，住宅激增，房地产兴起。而洋务运动后政府重视工业发展，也需要跨度大的厂房。到了20世纪，政体转换后，大建设兴起，华商投资，出现了各类型建筑，如住宅、商业、办公、工厂、铁路等，功能也趋多样化，楼层增高，房地产又再度兴盛。而由于中国近代社会尚未统一，战事纷扰，经济、实用与快速建成的房子更符合现代生活之所需（工期短、预算少），也更贴近于社会大众的层面。以上的前因与情况，导致旧的中国古典（传统）建筑的木构架体系已无法满足与解决新形态建筑的功能需求，也不符合时代变革后的进步条件。因此，当新的材料（铁、钢、水泥等）与工法导入中国后，人类工业革命文明所创造出来的材料及其产生的新结构体系（钢骨、钢筋混凝土结构），让旧（传统）的营造观受到了冲击，给了中国近代社会对旧（传统）体系一次改变与更新的契机，进而有能力发展新（现代）建筑来符合现代生活所要的经济、实用、舒适、安逸与方便之感，创造出新（现代）的设计观。

因此，在中国的语境与文化框架下去定义的话，意识到新（现代）的时代到来，以及思考到符合时代背景下的现代性，并力求迎向与改变的建筑，即是中国的现代建筑。换句话说，中国的现代主义思想、现代建筑始源于人类（建筑）对现代的理解以及材料的更新、工法的创建（文明移转的导入），加之中国从"古典"过渡到"现代"时（中国近代历程）对自身现代性存在的自我价值和对现代生活自我救赎的一种追求，既面向进步与自由，也改变过往与既有，最后，对艺术精神（理想性及诗性）的向往，才是属于中国的现代主义思想、现代建筑。

结构原理的相似，"墙"得到了解放，减少繁复的古典步骤

若从另一个角度观察，中国传统建筑的木构架体系以木柱、木梁所构成的框架，受力的是木柱，墙是不承重的，且在承重的木柱间立成，并分割空间，窗之后才安上（除了木头，砖块、砖石也在中国"古典"建筑得到了大量使用，如：军事防御的墙体、桥梁、道路、台阶、塔、墓穴等，以上算是构筑体，不算正式的建筑）。这样的结构原理与现代建筑的结构原理是相似的。现代建筑的柱是混凝土柱，成形是有原因的：一方面它将古典的柱式（柱头、柱壁、柱础）简化，让其受力，而古典时受力的"墙"瞬间得到了解放，可以加以运用；一方面是经济预算的考量，混凝土柱所形成的框架系统较为节省，建造快速、方便，符合时代需求。另外，在中国的语境下，现代建筑的混凝土柱的框架系统也缩短了中国营造人员对现代工法在理解上的时间，他们认为顶多换了个材料，多学了套基础工程与结构工程，况且跨度加大，楼层增高，使用性更灵活，反而减少需要花时间雕琢的、繁复的古典装饰步骤。这样的改变也把中国古典（传统）建筑盖棺论定为是"古代"时期的经典，留存于历史之中。

可变动性，非永久性，不相信永生，物质会消失或被取代，生命循环论，"易"，生而不有，回归本质

从材料层面观察，中国古典（传统）建筑屋顶面的材料（茅草、筒瓦等）是附加、可更换的。墙不承重，材料是拼接而成的，也可弹性更换，所以材料是可变动性、非永久性的。而木构架体系的构筑方式也有使用期限（有的倾向于临时性），久了需翻修或重建，所以也是非永久性的。而这样的非永久性或可变动性的材料观正好与中国人的文化观、哲学观有关系，即中国人不太相信永生。

20 世纪上半叶世界各地的现代建筑

房子在中国人的文化观里是有形的事物，是物质性的（这也是古代不太重视工匠的原因之一），而中国人认为物质的事物是会消失抑或被取代的，更是可以被重建的，这同中国人生命观认为"生生之为易"的生命循环论的道理契合。

　　"易"为中国自然哲学的宇宙观，认为世界上不变的唯有"变易本身"，而这"变易"非指物体的空间性位置移动，而是指事物的时间性生成演化，任何事物皆有生有灭。中国人认为宇宙万物从道开始，皆有一共同之本源，亦皆有从无到有、从隐到显、由盛而衰的诞生、生长、灭亡之生命循环过程，人只是处于生生不已、大化流行的世界图景之中，与万物一体，与天地同参，而天地间的万物生命是创化不已、生而又生、永不止息。房子就如同万物，是物质，有生有灭，可以"生而不有"，但当被重建时，功能依然存在，也就是精神依然存在，精神与物质在中国人的文化观里是分开存在的。

　　因此，中国人对于物质性的房子的永恒性、永久性是不关心的，也认为是非永恒性、非永久性的，相信房子终有一天会灭亡，并得到建造再生，即使是宫殿与庙宇，宏大辉煌，也不冀求能使用多长时间。这与西方相信永恒是不同的，所以，西方以天为主体，建造永恒性、永久性的教堂来沟通天与人之间的关系。他们信奉太阳，喜欢造太阳神，教堂里天窗所射下的光就如同太阳的光芒。而中国人的非永恒性、非永久性则体现在以人为主体，从无到有，回归到生活的本质，没有什么是不可以改变的，更适合在阴柔的月光下去改变，去企盼一种诗境力量（闲寂、幽雅、朴素、空明、澄净、洗心）的产生，诗的感叹之情。

以人为主体，徜徉在天地的空间之间，空间上的"道"

　　而中国人的哲学观讲求的"天地人合一"也是以人为主体，去跟天、地产生关系，以天、地为模范（天尊地卑），所以，

| 现代主义建筑思想中所强调的空间抽象性 | 房子就如同万物，是物质，有生有灭，可以"生而不有" | 中国人的哲学观讲求以人为主体，去跟天地产生关系 | 中国人的文化观、哲学观贴近于现代主义思想的抽象精神层面 | 从中国古典（传统）建筑过渡到中国现代建筑是相对可以理解的 |

通常中国人不太在乎围合在人四周的物质（房子、遮蔽物），抑或物质之美，那都是外相、表征，中国人认为这些物质的存在是属于日常之需求，但并不是绝对的需要。当以人为主体时，人就作为主角，徜徉在天地之间，就如同徜徉在天地的空间之间，去寻求一种空间上的"道"，这与现代主义思想中所强调的空间抽象性有一种不谋而合的关系，有其相似之处。

　　因此，中国人的文化观、哲学观贴近于现代主义思想的抽象精神层面，而中国古典（传统）建筑的构架体系似乎可以认定为是现代主义思想、现代建筑的先驱，或者可以这样说：站在中国人的视角来看，从中国的古典（传统）建筑过渡到中国的现代建筑是相对可以理解的，它的构架体系与精神层面皆相似，在这基础上，再去思考空间的精神与物质之间的关系，是理所当然的合理。

现代主义、现代建筑在中国的实践——始于 20 世纪 20 年代末

　　中国近代建筑师的现代建筑在中国的实践，始于 20 世纪 20 年代末，兴盛于 20 世纪 30 年代中期，这中间只有少数几个作品产生，且 1 年 1 个（1928 年、1929 年、1931 年、1932 年），包括有杨廷宝的天津中国银行货栈、阎子亨的天津王天木故居、沈理源的天津王占元故居、奚福泉的上海康绥公寓。以上 4 个项目或多或少有现代建筑设计的痕迹，但都在试验中。

横向带状窗，抛弃多余装饰，水平线条，非对称式布局，平屋顶，转角窗，尝试向现代建筑的靠近

天津中国银行货栈1929年建成，由基泰工程司的杨廷宝于1928年主持设计，杨宽麟负责结构设计，由于场地限制，为了满足货栈最大的功能需求，杨廷宝将其设计成菱形，使场地得到充分利用。货栈4层高，局部5层，在平面布局的中间部分挖空，设有内院，可以通风采光，以确保装卸货物流畅。

杨廷宝在此项目中除了满足货栈功能，还有一点突破，即是在立面形式上使用了两种划分：一是在入口处墙面用竖向墙柱作划分，墙与墙之间是横向带状窗；一是在其他墙面用横向带状窗来强调一种水平向延伸的划分，并在转角处用圆弧处理，且抛弃多余的装饰元素，让货栈显得简洁、干净。这一切都说明着杨廷宝当时尝试向现代建筑风格靠近，但也或许是因货栈本身不需说太多的话，不需要装饰性的设计，只需满足功能需求即可。在货栈结构部分，杨宽麟用短木与短钢筋打好，并定好桩，密集布局，桩顶浇筑钢筋混凝土将货栈构成。而货栈建成后，由于临近海河，货轮便可在此装卸货物。

天津王天木故居，20世纪20年代末建成，由阎子亨设计。此项目，层高3层，属于砖木结构，清水砖墙，平屋顶，百叶窗。建筑内部一层为客厅、饭厅与书房；二、三层为卧室与起居室，二层有方形阳台，满足基本的住居功能需求，饱和的方正几何体，显示出功能的完整使用，撇开外墙面砖的语汇，明显含有现代建筑的设计韵味。可以观察到阎子亨在探索现代建筑的路线上，已逐渐弱化外部的装饰性，或者是弱化附加于建筑体上的装饰性，但仍看到砖在墙面上不同砌法、色调与水泥墙、刷石子之间搭配的运用，并且利用材料的不同与分割去塑造现代建筑的水平线条。

天津王占元故居是原直系军阀王占元家族的住宅，是王占元为其3个儿子所兴建的，委托沈理源设计，分为3栋楼房，砖木结构，高2层，局部3层，平屋顶。在设计中，沈理源采用非对称式的平面布局，首层为一半圆形玻璃花厅，顶部设有阳台。二层屋顶设有混凝土制大凉棚，阳台后半部设有居室。在立面上，横向的语言鲜明，一圈是素净的水泥墙面，一圈是砖与玻璃窗的间隔排列，设有转角窗，加上非对称式的布局，倾向于现代建筑设计的语言鲜明。

由以上3个项目可以观察到，在20世纪20年代末起，倾向于现代建筑的作品以天津占多数。然而，天津大部分中国近代建筑师的作品是以西方古典、西式折中为主，能出现两三个现代建筑作品，实属难得，这当然与天津较其他城市安稳地接受现代化的建设和资讯有关。其实，也反映一种现象，即当建筑师以西方古典、西式折中为其设计主线时，仍会有少数作品是对现代建筑的试验，他们还是关注到了这一新（现代）的思潮，有的还特别明显，倾向现代建筑试验的作品较多，如中国工程司的阎子亨建筑师。

天津王天木故居（20世纪20年代末建成）是阎子亨早年对现代建筑进行试验的作品。之后，他沿着这条路探索下去，并作不同的设计尝试：有几何的体现，有理性秩序的追求，有分离派竖向线条的诠释，有表现主义雕塑性的语汇，有横向水平线条的现代特征，以上是他自己对现代建筑的个人理解与认知。

竖向线条，截取现代建筑语言，表现主义的雕塑性，延伸性

1933年，北洋工学院拟具发展计划，除了聘请教授外，也要添建教学楼，增建工程学馆、图书馆与新体育馆等，阎子亨分别于1933年建成了原北洋工学院工程学馆，1936年建成了北洋工学院工程实验馆两栋教学楼。

北洋工学院工程学馆，也称南大楼，占地面积为1623.83平方米，建筑面积为4949.91平方米，高3层，属于砖混结构，平屋顶。在设计中，阎子亨采用对称式布局，入口置于中间部分，南北两侧都设立了出入口，方便人流的疏通；而两侧的出入口与内部的过道空间直向楼梯形成了建筑的中介空间，让室内显得更明亮并有利于空气流通。建筑内部中间通廊两侧为功能空间，一层为办公室，二、三层为教室，依靠中间的楼梯联系上下楼层，布局简单清晰，符合现代教学功能之需求。而大面积的开窗，使得室内空间开敞而明亮，内部的地坪则是传统适合大面积空间使用的磨石子地坪。建筑是长向几何构成，中间与两侧局部高起，竖向线条的设计尤为明显。立面上成排规矩排列的窗户，体现出一种整体秩序性，有点偏向于理性的设计倾向。在建筑中间与两侧部分皆有小山墙的语汇，与局部砖的装饰性的构件表述，带有点折中的意涵。

天津王占元故居　　　北洋工学院工程学馆　　　天津防盲医院　　　天津寿德大楼　　　天津茂根大楼

而在另一侧出入口，高大的垂直体量，仿似维也纳分离派的竖向设计。因此，从这栋建筑可以观察到，阎子亨在探索现代建筑的不同尝试，或者零碎地截取现代建筑的设计语言。这里有长向的几何体现，有整体的理性秩序，有零碎装饰的折中，有分离派的竖向垂直表述……可以这样认定，这栋建筑是一个现代主义集合体的展现。

阎子亨也设计了北洋工学院另一栋教学楼，即工程实验馆，也称北大楼，占地面积为1606.5平方米，建筑面积为4805.11平方米，高3层，属于砖混结构，平屋顶。此建筑的整体布局、设计语言与南大楼相似，但竖向线条的设计更为明显，砖的装饰性也少了很多，在竖向语言的唯一表述中，建筑更体现出一种精炼与典雅。

天津防盲医院，于1935年建成，已拆，也由阎子亨设计，属于砖混结构，高2层，顶部有挑檐。由于场地在道路交叉口处，阎子亨便在交叉口处作半圆弧形墙面处理，这样的处理在20世纪30年代时常出现，如汉口洞庭街与鄱阳街、兰陵路和黎黄陂路交叉口处的巴公房子，上海淮海中路与武康路交叉口处的武康大楼，这三栋建筑有异曲同工之妙，建筑师皆考虑地形条件而设计，但防盲医院比巴公房子、武康大楼要简洁，装饰性语汇也少很多。半圆弧形处理，稍带有点表现主义的雕塑性尝试，而局部圆弧、弧形的处理在阎子亨之后的项目中经常出现。

天津寿德大楼，于1936年建成，是阎子亨设计的一栋钢筋混凝土框架结构的"现代"公寓，主体高6层，中间部分高7层。在设计时，阎子亨采"U"字形的平面布局，入口采过街楼方式，原8米的通道与内院结合，内院形成了一个内部的采光天井，底层部分设有店铺、厨房、餐厅等；2层为卧室、厨房、餐厅、储藏室等；3层以上为客房，客房沿着中间"U"型内廊而设置，并有其他附属的服务与办公空间等。可以观察，阎子亨充分利用地形所给予的范围来设计，不浪费任何用地。而建筑正立面为对称式，中间部分采"竖向"垂直线条设计，临中间部分采一小段作弧形处理，并接续两侧墙面的横向水平发展。不管是竖向垂直与横向水平皆用清水砖墙与混凝土墙去做分割，形成强烈的现代几何语言对比，既简洁又利落，具有现代建筑之味道。

天津茂根大楼，可谓是阎子亨在20世纪30年代的代表性作品，总结了这时期他在现代建筑探索中所思考的范畴与面向。此项目于1937年建成，是由中国工程司主持建筑师阎子亨与中国工程司建筑师陈炎仲合作设计完成。

天津茂根大楼，由茂根堂投资兴建，是一栋混合结构的现代式公寓，中间高4层，两翼高3层，从外观上可看出还带有半地下室。内部以楼梯为中心，两侧配置居住单元，包括有起居室、卧室、工作间、厨房、佣人房、公共卫生间等。外部采用对称式立面设计，窗户的形式也多样，有圆窗、矩形窗，更增添了以前设计时少见的角窗。外伸式阳台的转角间采用弧形处理，形成一种横向水平延伸性的语汇，具有流线型，而这样的局部弧形倾向于表现主义的雕塑尝试。同时利用材料上的色差来突出深浅的视觉对比性，并以简单线条与体块作等比例的分割处理，是个倾向于现代建筑试验的设计。

阎子亨是一位对现代建筑进行试验的建筑师，而在上海有一位建筑师也是此类设计路线，他就是奚福泉。

内部功能实用性，几何形体完整性，扩大使用性，弧形处理

在上海起家的奚福泉，离开公和洋行，加入（上海）启明建筑事务所，任主创建筑师时，即是一位热衷于对现代建筑进行试验的建筑师。20世纪30年代后，他所设计的项目，如上海康绥公寓、上海白赛仲路公寓、上海虹桥疗养院、上海浦东大厦都带有此类倾向。

上海康绥公寓，于 1932 年建成，业主为贝润生（1872—1947 年，名仁元，字润生，江苏元和人。16 岁到沪，中国近代民族资本家，著名美籍华人建筑师贝聿铭的叔祖）。"康绥"两字由英文 Cozy（温馨舒适）直译过来。此项目为钢筋混凝土结构，是个隐身于闹市中、临街面的住商混合型公寓，平屋顶，共 5 层（原为 4 层，后加建 1 层），总高度 21.10 米，平面呈长条形，东立面宽 14.6 米，南立面长 76.8 米，西立面宽 14.6 米，北立面长为 75.95 米，朝北有 6 只内天井。在设计时，奚福泉以创造城市中温馨小品的小康居住形态与质量为考量，以单身或小家庭夫妻 2 人居住为主，有别于淮海中路南面豪华大型的培恩公寓和永业大楼。奚福泉将住宅出入口设在大楼背后的弄堂里，设 6 部扶梯，1 梯 3 户，1 梯 2 户，并企图保持一层临街面的完整性，供出租商业使用，这样的思考是基于现代建筑中城市现实环境与内部功能布局的设计考量。奚福泉在弄堂内的住宅一层前设小花园，铺设马赛克拼花地坪，栋与栋之间可供晒衣使用，将住宅出入口设在弄堂内，可以营造现代居住生活的隐秘与舒适之感，不受街道嘈杂的干扰，而墙面上局部的大玻璃开窗，除供给了建筑内部光线外，也体现出现代建筑的开窗形式，让室内显得明亮，通风顺畅，让生活有安逸之感。而立面上竖向（棕红色面砖壁饰）与横向（白色水泥条带）的划分强烈，矩形开窗面规矩排列，利落的线条呼应了现代主义的精神，但还是带有点装饰性。康绥公寓，低调隐身于城市街道中，是其迷人之处，不走近细看，很难发觉它所展现出的现代建筑的意义与价值。

上海虹桥疗养院，于 1934 年建成，由虹桥疗养院创始人丁惠康投资兴建。丁惠康出生在书香门第医学之家，其父亲丁福保是清政府时期的京师课学馆教授，1908 年南京全国医科考试最优秀的内科医士，后特派赴日考察医学，回国后创办医学书局，编辑发行医学、文学、佛学、说文、古钱等书目百余种。1932 年丁惠康与父亲筹资 30 万元巨款，在虹桥路 201 号建造（上海）虹桥疗养院，委托启明建筑承接，由奚福泉设计。在设计中，奚福泉为满足现代疗养院的功能布局，关注内部疗养空间的合理配置与要求，以实用性为主。建筑是由低至高呈阶梯状的楼房，以增加室内空间的光线，而楼房内的疗养室皆朝南，设有大面积玻璃窗、大阳台，让疗养室能充分晒到太阳，且病区内均有暖气。地板采用橡皮铺设，柔软舒适，降低噪声，可防滑；其他设备也最新颖，如手术室无影灯、冷气等。由于，设计注重内部功能的实用性，在形式上，奚福泉没有施以太多装饰的手法，只呈现出一个完整的、阶梯状的几何形体，深具现代建筑的实用价值与功能观念，并设有转角窗、圆窗及竖向窗。建成后，开张之日吴铁城（上海市市长）亲临剪彩，宾客 1000 余人，轰动一时。

由以上项目可以观察到，现代建筑设计中几何形体的完整性是奚福泉常用的手法，他注重内部功能的合理布局，以满足业主之需求，所以，没有放太多心思在外观形式的雕琢，上海浦东大厦也是如此。

1932 年浦东同学会常务理事会寻土地自建会所，并招标，委请庄俊、李锦沛、薛次莘等人评审，有 5 位建筑师参加，最终决定采用启明建筑的奚福泉所提出的方案。施工时，经费原因断断续续，曾一度停工，复工后于 1936 年建成。由于，场地的条件不佳，属不规则的地形，在设计时，奚福泉沿着场地饱和并满足现代商住结合的功能布局，一层为大厅，挑高二层，周边有廊道围绕，三层有不同性质（医师、律师、会计师、建筑师等）的办公间，四、五、六层为公寓，七、八层为俱乐部。接着，将建筑外墙处理成 5 个竖向间段且呈 6 角外凸，中间 3 间段为 8 层，两侧为 6 层，创造出凹凸相间与左右对称的形体，奚福泉以具有现代建筑特征的几何形体来弥补地形缺陷所带来的不好的视觉感，顶部外墙的横向镶嵌线条，让现代建筑的语汇更加鲜明。此大厦因兴建高架道路于 20 世纪 80 年代中被拆除。

上海欧亚航空公司上海龙华飞机棚厂是奚福泉另一个鲜明的现代建筑设计，于 1936 年建成。由于是飞机棚厂项目，在设计中，奚福泉为扩大内部的使用空间，设计了一个完整的几何体，而两侧墙面则是现代建筑中横向语汇鲜明的水平窗带，转角墙面则是弧形的处理，带有点表现主义的味道，手法简洁利落。

上海自由公寓也是奚福泉的设计，于 1937 年建成，高 9 层，钢筋混凝土结构。此项目由于地形的狭长，奚福泉在场地前方设有大片绿地，后方设车位汽车停放区域。公寓出入口由底层通道引入，设 3 个踏步进入电梯厅，电梯厅设在出入口背后，与楼梯口相望，以避免人流冲突与拥挤情况的发生。建筑标准层以中央电梯为中心，两边对称布局，每层设两个 3 室户，有客厅、卧室、厨房、佣人房与共用的卫生间，佣人由阳台走廊进出，卧室与客厅相接处设转角阳台，北边两翼

| 上海康绥公寓 | 上海虹桥疗养院 | 上海自由公寓 | 大上海大戏院 | 上海金城大戏院 |

设小楼梯，供佣人出入及消防楼梯用。在此项目中，奚福泉强调高楼的竖向语言并保留完整的几何体，外墙贴褐色面砖，转角阳台与客厅窗框处用淡色调处理，设计处理合理又精心。

高潮

1933 年之后，中国近代建筑师倾向于现代建筑试验的作品逐年增加，到了 1935 年、1936 年达到一个高潮，这两年的作品量都绝对多于其他年份，两年总和近 30 个。

阎子亨、奚福泉，两人以主创建筑师身份进行对现代建筑的试验，属个人身份。另外以团体身份，对现代建筑进行试验的有华盖建筑，是联合型事务所，由赵深、陈植、童寯 3 人于 1932 年合伙创办。而原大上海大戏院是华盖建筑执业初期重要的代表性作品，倾向于对现代建筑的追求。

竖向线条，圆弧形的延伸，水平饰带，选择回避大屋顶

中国近代第一座由中国建筑师设计的电影院于 20 世纪 30 年代初建成，即上海南京大戏院，由何挺然（创办联怡电影公司）为首的一些社会名流及海归人士集资建造，范文照建筑师事务所承接。华盖建筑的赵深，早年曾在范文照事务所任职，他与范两人就负责此项目。上海南京大戏院是个倾向于西式折中的设计，讲究演绎西方古典的柱式、尺度、比例、对称的内外空间的构成，高大和比例匀称的古典柱廊与券门，庄重又淡雅，这是受学院派教育的影响。建成的首映是美国环球电影公司的歌舞片《百老汇》，盛况空前，成为当时最轰动的新闻。之后，不管放映的是国产片还是好莱坞片（西洋影戏），都创造每月客满的记录。更重要的是，上海南京大戏院的出现，投入到竞争行列中（申江大戏院、好莱坞大戏院、丽都大戏院等），蓬勃发展、丰厚利润的电影院事业是那个时代里娱乐、流行与时尚文化的象征，1932 年因"一·二八"事变，部分戏院在战火中遭到焚毁，电影院事业曾出现一段清冷的时期。

早年，赵深因在上海南京大戏院项目中的优异设计能力，获得何挺然的赏识，因此，又再度接到何挺然投资欲复兴电影事业的另一个项目，即原大上海大戏院。陈植、童寯共同参与设计，于 1932 年秋兴建，晚于上海南京大戏院 3 年建成（1933 年冬），营造费用 18 万元，水电及暖气设备费用 4 万 3 千元，冷气费用 2 万 2 千余元，钢铁及椅子费用 2 万 7 千元，总共 27 万余元。

大上海大戏院共 5 层，后为观众厅，设上下两层，有 1700 余座位，设有大挑台的楼座，有 750 个座位，地板用橡皮铺成，踩踏无声，设置有最先进的放映机（放映 16 毫米胶片）、宽敞屏幕及隔声纸板等设备，还附设有音乐茶座、弹子房等空间。在外立面上，材料为黑色磨光大理石贴面，以及水泥刷带，8 根从二层底贯穿到顶的玻璃方柱嵌于墙上，内置霓虹灯，竖向线条极为挺拔与鲜明，这也是华盖建筑在设计上常见的手法（原浙江兴业银行、原恒利银行）。大戏院茶室大门墙面采用圆角处理，与室内曲线灯带相呼应，整体上，既实用又简练，装饰在此匿迹，因此，大上海大戏院的设计更贴近于现代建筑的语言。夜晚，带有柔和白光的玻璃方柱，在城市街道中极为壮丽，与黑色大理石形成强烈对比，醒目绝伦，加上侧边霓虹灯管上的大上海大戏院标识，吸引顾客前来。

大上海大戏院建成那年（1933 年），华盖建筑又接到另一个电影院项目，即上海金城大戏院（于 1934 年建成开业）。此项目设计与原大上海大戏院有异曲同工之妙，手法上仍见竖向线条与圆角、弧的出现，唯一增加的是横向表述。为了吸引人潮，主入口设在转角处，墙面处理成圆弧形，并延伸至室内，而主入口上方则是竖向语言，4 根从二层底贯穿到四层顶的水泥小圆方柱，收到墙板内，而墙板两侧墙面是往内收的切面圆弧，是表现主义的手法，同时，用水泥的分割勾缝与侧墙面上两段的水平水泥饰带（内置两排方块窗，共 10 个），形成横向的表述，简单又利落，可以说，华盖建筑又再一次试验了现代建筑的语言与手法。

华盖建筑在创建之初，身在上海的赵深、陈植、童寯似乎选择回避大屋顶的中华风格所带来的沉重包袱，企图在设计中反映一种面向世界或国际的新（现代）建筑时代观，或者说想寻求建筑实践上的突破点（因那时中华风格是设计主流），在上海中国银行大厦的方案便是如此。此项目，由于是高层建筑，童寯设计一个竖向的逐层向内退缩的形体，既简洁又明晰，类似于他在美国工作时（伊莱·雅克·康事务所），参与到的项目一般（华尔街 120 号项目）。

居住功能的经济与实用性，形式的简洁，装饰的去除，体量的进退关系，工业轻质，转角不落柱

因此，从创建后到抗战前（1932—1937 年），华盖建筑在上海的实践仍贴近于现代建筑语言的操作。在住宅项目上，更强调符合居住功能的合理、经济与实用性，以及立面形式的简洁。在上海合记公寓、上海梅谷公寓及上海敦信路赵宅项目中皆可看到此一设计特征。这一类作品不高，2—4 层左右，以街巷与私人自用住宅类型为主，皆为方正几何的形体。

上海梅谷公寓沿街边转角处伫立，是属住商混合的公寓，设计给单身或小家庭夫妻两人居住为主。在立面上，华盖建筑设计 3 排规矩排列的矩形窗带，墙面用棕红砖，以及部分横向水泥饰带，装饰元素已近乎去除，平屋顶更呼应现代建筑中所提倡的设计元素，整体上，既简单又大方，低调隐身在城市街道中。上海敦信路赵宅则为独栋式别墅，有庭园与花台，体量有进退关系，二楼设有阳台，细致栏杆体现了国际样式工业轻质的语言，也用了平屋顶，让人可以驻足。可发现在此项目中，几何精简与利落的外形，转角无任何多余的装饰，设有开窗面（转角不落柱），增加室内光线均匀的分布。

立面水平分割，横平竖直，最饱和的功能需求，逐层向内退缩

同样地，南京的部分项目（南京首都饭店、南京首都电厂），华盖建筑在设计上也倾向于现代建筑语言的操作。而南京也是除了上海之外，华盖建筑另一个承接项目最多的地区。

南京首都饭店项目由华盖建筑的童寯主导设计，1933 年建成，由大华复记建筑公司联合成记营造厂承揽建造。在此项目中，童寯为满足现代饭店的功能，设计有 50 多间客房（含浴室），中间 5 层，两翼为 4 层，钢筋混凝土结构。由于楼层不高，建筑尺度稍宽，在立面上，童寯设计以面砖及水泥砂浆的材料饰面，加上矩形玻璃窗构成横向的立面水平分割线条，简洁又明快，装饰元素已偏少，屋顶设有 2 层平台，可以使用。从以上南京首都饭店项目可观察到，横平竖直是华盖建筑常见的设计手法，当然构成条件取决于场地大小与楼层高度。

如果条件允许的话，横平竖直手法也会同时反映在一栋建筑上，如南京首都电厂项目。由于是一个工厂，为了满足最大化、最饱和的功能需求，华盖建筑设计一个厚实方整的几何形体，以充分利用室内空间，保证工厂内部作业的交通流畅。工厂被完整地包被后，室内极需采光，在一侧墙面设有竖向的垂直窗带，另一侧墙面设有横向的水平窗带，而顶部也因逐层向内退缩设有横向水平天窗，因项目性质及现实考量，没有过多装饰，此项目仍是一个倾向于现代建筑的设计。

砖在立面上的试验性

在南京项目中，有一个项目值得一提，即南京水晶台地质调查所陈列馆。在此项目中，华盖建筑关注到砖作为材料在立面上的试验性。

上海林肯路中国银行公寓　　上海敦信路住宅　　　南京首都饭店　　　　　　南京首都电厂　　　　南京地质调查所陈列馆

1933 年，中国近代著名地质学家翁文灏（1889—1971 年，字咏霓，浙江鄞县人，曾留学比利时，专攻地质学，获博士学位，回国后对地质学教育、矿产开探、地震研究等多方面有杰出贡献，曾以学者身份在国民政府内任职，主管矿务资源与其生产工作）出面筹划兴建地质调查所陈列馆大楼及图书馆等房舍，作为中国近代第一个全国性的地质研究机构，委托华盖建筑设计，由童寯主导。

地质调查所陈列馆，建筑面积近 2000 平方米，钢筋混凝土结构，于 1935 年建成。在设计中，童寯将陈列馆主入口设在中间，有两处进口，一处是由两侧楼梯上到一层半入口，后进入室内，再上半层楼梯进入大厅；一处是由两侧楼梯下方直接进入室内。室内采取对称式布局，中间通廊，两侧为办公空间，局部墙面、门框有古典的装饰，地面铺设水磨石。

此项目立面分两部分，中间为 4 层，两翼为 3 层，且是设计重点，童寯采用红砖作为主要材料，并附以不同试验性：①砖在两翼墙部分，童寯采用平实的还原砖的做法，搭配成排矩形窗，形成一面规矩的整体立面构图，只在两翼墙顶部及窗下边有微凸的水平收头。②砖在中间墙部分，童寯有两种做法：一种在底层入口墙转角处用圆弧处理，有点表现主义手法；另一种在一层半入口的两侧外墙上，将砖间隔凸出形成一种竖向有机规律性，上方中间还有 4 道竖向的凸出作为收头。在以上两种做法中，童寯皆抛弃装饰，不加粉刷，以倾向于现代建筑来设计，并强调一种砖在立面上的试验性，有别于之前童寯抑或华盖建筑的设计手法，较特殊。

1936 年，华盖建筑的赵深参与第一届中国建筑展览会的筹备工作，任征集组副主任及常务委员，与一群中国近代建筑师（李锦沛、关颂声、董大酉、林徽因、裘樊钧、杜彦耿、梁思成、卢树森）共同策划展览会，择定上海市博物馆及上海中国航空协会新厦为展场，主题以中国古代与近代建筑为主，向全国征集展品。展会于 4 月 12 日顺利开幕，展期共 8 天。在展览期间，童寯应"中国建筑展览会"邀请代表华盖建筑演讲，题为"现代建筑"，这是华盖建筑除了作品实践外，首次向外界表明其事务所基本的设计思路与追求——倾向于现代建筑，因此，他们被建筑界誉为求新派。

对现代建筑进行试验，强度不同

在上海、南京，不得不提范文照与董大酉，这两位建筑师不只设计能力优秀出色，他们的社会活动力也非常强大，积极参与社会事务，开拓业务关系。

范文照曾参与中国建筑师学会的创建工作（1927 年前后），还在《中国建筑》创刊号（1932 年 11 月）中发表"中国建筑师学会缘起"，阐述了中国建筑师学会的组成与缘起，几位核心团队如何组织学会。之后，范文照还被聘为（南京）中山陵园计划专门委员（1928 年），及任（南京）首都设计委员会评议员（1929 年），他也是上海市建筑技师公会的会员。1930 年，范文照加入上海扶轮社（依循国际扶轮规章所成立的地区性社会团体，全球第一个扶轮社是 1905 年创立），成为社员，任上海联青社社长（国际性基督教青年会，1924 年海外成立）。1932 年任（南京）中山陵顾问及国民政府铁道部技术专员、全国道路协会名誉顾问。

董大酉曾被聘请为上海市中心区域建设委员会顾问兼建筑师办事处主任建筑师，负责都市计划的编制与执行，实施《大上海计划》。1931 年任中国建筑师学会书记。1933 年任中国建筑师学会会长。1934 年任（上海）京沪、沪杭甬铁路管理局顾问。1935 年被中国工程师学会推定为国货建筑材料展览会筹备委员会委员，并任审查委员会委员。1936 年任第一届中国建筑展览会常务委员。1937 年成为中国工程师学会正会员，同年，任广东省政府建筑顾问及广东省政府技正，曾规划江西、湖北、广东等省省会及汉口市等的行政区。1947 年，董大酉任南京市都市计划委员会委员，兼计划处处长、主任建筑师。

范文照与董大酉的设计也或多或少倾向于对现代建筑进行试验，但倾向不同。范文照从 1933 年起，立场逐渐趋向于现代性，之后更彻底转向现代建筑，并撰文自省，否定过往中华古典风格的设计，因他以前还曾是古典复兴的旗手；而董大酉则是在设计上寻求一个突破。1930 年董大酉创办事务所后，仍继续负责主持《大上海计划》，完成一些公用建筑，皆倾向于中华古典、中式折中的设计，受限于政府所拟定的设计规范（中国式样），但少数项目已对现代建筑进行试验。这期间，董大酉在住宅、办公楼项目已转向对现代建筑进行试验，似乎承接私人业主的项目，更让董大酉在设计上可以有所发挥，寻求突破。

范文照与董大酉，最终都成为对现代建筑进行试验的代表性建筑师，两人对现代建筑的理解与操作也各有所长。

逐渐趋向现代性，传统与现代的争论在于效率与美，新更倾向于生活的舒适和安逸，从内而外，以民为本

在 20 世纪 20 年代、30 年代间（1925—1933 年），范文照仍是古典复兴的旗手，作品有南京中山陵图案设计竞赛方案（获第二名）、广州孙中山先生纪念堂设计竞赛（获第三名）、上海圣约翰大学交谊室、上海基督教青年会大楼、上海南京大戏院、南京铁道部大楼、南京励志社总社、南京华侨招待所、江苏保圣寺。其中，基督教青年会大楼由范文照与李锦沛、赵深合作完成，南京大戏院、铁道部大楼与励志社总社由范文照与赵深共同设计。

20 世纪 20 年代末 30 年代初的中国，因建设的蓬勃发展，吸引外资入沪投资，人流、物流极度频繁，与世界接轨后的资讯通达，使得现代主义建筑思想来到了中国；加上早已进入中国、行之多年的现代化材料、技术、工法与设备的推进，使得新思想充满着无限的可能性，这些都冲击了沉浸在古典浪潮中的中国近代建筑师。

当范文照徜徉在中华古典的浪潮时，他的同辈建筑师有部分已悄然地在项目中试验着现代主义思想，或手法趋近于现代建筑原则，如：奚福泉设计的上海康绥公寓、上海白赛仲公寓，华盖建筑（赵深、陈植、童寯）设计的大上海大戏院、上海金城大戏院、南京首都饭店……身为活跃于媒体与社会活动、久经沙场的建筑师范文照，对于这些讯息，不可能不知道，因此，可以客观判断，他也注意到这一新（现代主义）思潮。

林林总总的讯息刺激着范文照对现代性问题的思考，因他也是个嗅觉敏锐的建筑师。不久，事务所之间的成员流动，促使资讯更新，此刻，范文照本身的设计思想真正发生了根本性的变化。

1933 年，范文照事务所成员先后离职，便又补进新血，有林朋（Carl Linabohm，瑞典人美籍建筑师）、伍子昂（1933 年美国哥伦比亚大学建筑学院毕业，获学士学位）、萧鼎华与铁广涛（1932 年毕业于沈阳东北大学建筑工程系，获学士学位，1933 年入范文照事务所实习）。其中，林朋与伍子昂提倡现代主义思想、现代建筑的主张。这时，范文照逐渐接受这一新观点，立场也逐渐趋向于现代性，但他内心仍然认为中国建筑是有其魅力的，而这个魅力不是指外形，而是一种建筑艺术的理想性及诗性。所以，范文照并不是要抛弃中国建筑。他自己认为传统与现代的争论在于效率与美，旧的形式正被新的所抹除，而新更倾向于生活的舒适、方便和安逸，但缺少那些古老方式中存在的调和之美。他曾经撰文解释过：当我们适应于新（现代）要求时，中国建筑艺术的本质特征应当不作更改地予以保留，要重新获得"它"的智慧与美。而他认为的本质特征是：①规划的正当性，中国建筑有其轴线性与方向性，有一种线的节奏，提供给人愉悦的平衡感。②构造的真实性，没有虚假的概念，每个构件均有其结构上的价值，装饰都有其启发式的实用性，是一种开放性的木构系统，木柱支承是主要承重，墙只具围护功用，而这构造方式造就了钢架的现代概念，只是材料被更换。③屋顶曲线及曲面的微妙性，曲线赋予建筑生命力及艺术美，南北各异，柔和的曲线更让建筑与周遭环境取得良好的和谐感。④比例的协调感，梁柱的横竖效果加强了线与体的节奏性。⑤艺术的装饰性，丰富多彩的装饰受到普遍的赞美，使得室内设计也成为亮点，适应现代生活。

范文照还说过，中国近代存在着两个流派：理想派与现实派。前者反对新的效率，后者承认老的形式和风格，又认为最好的做法是对至今为止尚不甚可爱的新形式尽可能地加以美化处理。然而，他又发现出现了一批为数不多的人，试图综合新老及东西中最优秀的部分，他们特别反对把东西方风格及形式叠加起来而导致城市变得难看的做法。他们认为，可以同样取得光、热、通风与卫生而又不必使房屋显得难看，他们试图把现代的舒适与方便引入房屋，而又保留中国古而有之的美观。

因此，这时，范文照对于中国建筑的理解似乎更倾向于一种艺术精神（与过往强调的大屋顶有所不同），他认为若采用现代形式时，内部仍需显藏、保留中国建筑的艺术精神，才符合他强调的建筑构思应当从内而外，而不是从外而内。由此，可以判断，范文照在中华古典风格的范畴内，逐渐从对形体（大屋顶）的关注转向对精神（理想性及诗性）的理解，并加入实用、经济（范似乎认为富丽堂皇的大屋顶式样过于浪费，不适合现代生活）的现代生活的舒适、方便和安逸之需求（以民为本的观念）。

自我解放，自我救赎，撰文自省，否定过往，考察新（现代）建筑

之后，在1934年，范文照终于从中华古典风格中自我解放，彻底转向新（现代）建筑，他撰文自省，否定过往，并终结原本富丽堂皇、过度浪费的中华古典风格中的大屋顶式样，号召社会各界来纠正此错误。要知道，范文照以前可是古典的旗手，他这样的转变，是一次革命性的宣告。

1935年夏，范文照被委任为国家顾问，代表国民政府出席在英国伦敦召开的第14次国际城市及房屋设计会议以及罗马国际建筑师大会。开会期间，范文照利用剩余时间，考察欧洲各国的新（现代）建筑，那时正是现代主义在欧洲发展的最成熟阶段，亲身体验后，加强了范文照对新（现代）建筑的缤纷多彩的认识与理解，而在几年前的1932年，在美国纽约的现代艺术博物馆（MOMA, New York）也举办了"现代建筑：国际风格展览"。回国后，已有体会的范文照更坚定地往新（现代）建筑的实践发展。

横向水平性，圆弧形半悬挑，先科学化后美术化，横竖穿插

这一时期，范文照的设计有上海西摩路与福煦路转角处市房公寓、上海协发公寓、中华书局广州分局。均已是倾向于现代建筑的设计。

上海西摩路与福煦路转角处市房公寓是一个临街面的住商混合型建筑，底层为出租用的店铺，共有14间，皆使用了透明的无框大玻璃橱窗，既简洁又明亮，具有现代的店铺风格；二层为店铺的楼座，作办公和储藏使用，由一层店铺内小楼梯而上；三层为公寓，有4个单元，一梯两户，设一公用走道，卧室在南边，客厅与厨房在北边，设有辅助楼梯作消防疏散用，北边设有外廊。此项目，范文照用一个完整的几何体来满足公寓功能，立面上不带多余的古典装饰，使用泰山砖，利用横向的水泥窗版强调一种水平性，并在转角路口处将建筑施以弧形的处理，在二、三层窗版用1/4弧形向下收边。这栋建筑的出现说明范文照正式往现代建筑靠近，并打破对古典的遵从。

同样，在另一栋公寓，上海协发公寓，范文照也运用了现代建筑的设计手法。此项目占地面积1050平方米，建筑面积2128平方米，共4层，混合结构。由于是公寓式住宅，范文照仍用一个完整的几何体来满足住宅功能需求，不浪费任何面积，采用"一"字形布局，每个标准单元一梯一户，是当时高档的公寓式住宅，每户4室户型，居室大多为套间，并在房间分隔处设壁橱。起居室面向阳台设有6扇落地窗，在单元拼接处设有天井，改善室内的采光及通风。厨房较其他房间大，还设有佣人房。楼梯为一圆弧形半悬挑出，并活泼了立面。范文照在此设计中施以立面更加简洁、利落的形象，圆弧楼梯设有大片玻璃窗，材料也统一化，外墙面采用浅黄色水泥拉毛处理，装饰的元素更趋近于无，现代建筑的语言与精神瞬间涌现，干净又纯粹。

虽然，范文照祖籍是广东顺德（生于上海），但他很少在广东一带活动，顶多曾参加广东省政府举办的图案竞赛（广东省政府合署图案竞赛，获首奖），他在广州唯一一个建成的项目是中华书局广州分局。

中华书局广州分局诞生在广州图书出版业繁荣的时期。19世纪以来，由于通商口岸的开放，现代化资讯的导入，出

上海市房公寓　　　　上海协发公寓　　　　中华书局广州分局　　　上海中国航空协会陈列馆　　上海中国航空协会陈列馆

版业的高速发展，上海成为中国近代图书业发展最早最快的城市。之后，在20世纪初，许多出版机构纷纷到各地开设分局、分馆，扩大经营，以广州开设的最多：商务印书馆在永汉北路创办分馆（1907年），中华书局在永汉北路设立分局（1912年），世界书局在惠爱路昌兴街（1921年）和永汉北路分别设立分局，民智书局在永汉北路设立分局（1924年）等，一时之间，广州城内书局、书店林立，原（广州）中华书局广州分局便在此情况下产生。到了抗战前期，由于战场集中在华北、华东一带，身处华南的广州，稍稍远离战场，政局有着一段时间的稳定，也使得在北方的书局及文化人南迁避难及发展，以致广州的图书出版业曾一度繁荣，但失守后，大多数书店关闭、解散。

　　范文照对于现代建筑的设计理解是应当从内而外，不单单只是对中国建筑艺术精神的保留，还有一种先考量科学化的设计，之后再美术化，他的作品也一直这样体现着，如：上海西摩路与福煦路转角处市房公寓的满足临街面的住商混合形态以及上海协发公寓完整的功能需求，两者都在面积上进行极度饱和化，不浪费任何空间。范文照不会因为去追求形的表现，而忽视这一点，所以，他的建筑都是一个完整的个体、几何化。中华书局广州分局也是如此，书局的功能需求绝对的满足，且因应周遭环境，入口有近2层高的退缩骑楼，然后在有限的范围内进行形体的美术化。而美术化也建立在简洁、利落的现代建筑语言基础上，立面上横向水平窗带如实地呈现，与顶部伸出的垂直立版，构成了横竖穿插对话的立面关系，材料的单纯化（红褐色方砖、白涂料）更让建筑的语言趋近于纯粹与精炼。

表现主义味道

　　同样，在20世纪20年代末30年代初，现代主义建筑思潮来到了中国，身为政府部门御用建筑师的董大酉或多或少也风闻这一新的思潮。由于受限于政府的设计规范（中国式样），在执行《大上海计划》政府项目时，没能对现代建筑进行探索，但在部分政府项目的设计中，董大酉已悄然地对现代建筑进行试验，如上海中国航空协会陈列馆及会所。

　　上海中国航空协会陈列馆及会所是《大上海计划》的配套项目，高3层，正中楼顶形似天坛，建筑内可沿扶梯直上顶层，圆形环墙嵌黑色大理石，祭台正中有蓝色玻璃，阳光透过玻璃可直射大厅，局部墙面饰有飞机的纹饰与云纹。其实，合理认定的话，这是一个倾向于中式折中的设计，因有许多中华古典的装饰语汇，而它的形体又似飞机的凌空腾飞状，似乎带有点表现主义的味道，从中可以观察到，董大酉的设计步伐已开始转变。

设计的突破，层级分明，空间变化，散步体验，弧形收边，转角开窗面，几何进退，流线性，方盒子

　　当承接到私人业主的项目时，董大酉已不受限制，加上步伐已转变，便顺势开启了对现代建筑的试验，或者他想在设计上寻求一个突破。在这些项目中，一栋是他的自宅，其他是花园住宅、里弄住宅。

　　上海震旦东路董大酉自宅于1935年建成，主体2层高，逐层退缩后，局部3层高。在设计中，董大酉将自宅赋予现代建筑中精简、利落的几何形式，由弧形与矩形构成，并依现代住宅功能而采用非对称式布局，平屋顶，手法干净又纯粹。入口处设在一层，前方有一悬挑平台作为遮挡，以立柱撑起，董大酉希望塑造一种层级分明的关系，从室外到半室外，再到室内空间。与入口处相接的是一弧形几何体，墙体与悬挑的二层平台相连，有出入口进出，而平台边上设一户外直梯，随着体量的退缩，可上到三层的户外平台，建筑借着平台、直梯与体量退缩形成一种细微的空间变化，与空间上的散步体

上海震旦东路董大酉自宅　　　上海震旦东路董大酉自宅　　　上海吴兴路花园住宅　　　京沪、沪杭甬铁路管理局大楼　　　上海古柏公寓

验，同时也加强了户外平台的使用性。而平台、户外直梯与室内挑高廊道、楼梯的栏杆，董大酉都给予细致化的设计，反映的是现代建筑运动中国际式样的工业轻质构造设计，贴近于新客观性、新实在精神的设计语言。在建筑内部，为了制造室内空间的挑高感、增加一层的使用面积，董大酉将室内楼梯置于墙边上，人拾级而上，抵达二层挑高旁的廊道，这样形成了空间上下层的对话关系，视线是穿透的，空间是流动的。一层的客厅布置着典雅的沙发，后有一圆形的明镜，反射楼梯的景象，再往后，是一方形洞龛，内有一张现代的钢管椅。在细部设计上，董大酉已有表现主义的手法，如二层挑高廊道与栏杆皆以弧形作收边处理。由于是个按照住宅功能而布局的设计，窗户也因应住宅本身形态而设置，可以观察到，在立面上，在弧形与矩形的转角处，董大酉都设计出横向的转弧或转角的开窗面，除了增加室内光线外，也是现代建筑的设计手法。总体上，这是一个强调几何进退关系，以及内外交互的面向自然、风景的现代住宅设计，简洁大方而不失细部。

　　上海吴兴路花园住宅是董大酉设计的一栋花园住宅，2 层高，平屋顶。此项目，董大酉企图体现一种流线型、倾向于表现主义的设计。在完整的长方形几何体上加强流动的水平语汇，弧形的设计在此项目中运用得更极致，在围护的铁栏杆、窗边框、楼梯间、局部外墙体立面转角与挑檐的转角皆用弧形作收边处理，以弧形消除直角收边时的锐利感，并塑造出建筑的一种流线性，线条更加简洁与流畅，并设计有自由的开窗面，墙瞬间得到解放。上海大西路惇信路伍志超甲、乙、丙种住宅的设计也是如此。

　　上海京沪、沪杭甬铁路管理局大楼也由董大酉设计。京沪、沪杭甬铁路管理局原一部分在上海北站办公，1932 年上海北站遭到日军轰炸，损毁严重，人员急需办公用房，于是，京沪、沪杭甬铁路管理局决定在北站东侧建新楼。1934 年，董大酉被聘为（上海）京沪、沪杭甬铁路管理局顾问，就由他来负责新楼设计。在设计中，董大酉将新楼赋予现代建筑的特色，大楼以 3 个几何方盒子组成，平屋顶，中间为 8 层，两翼为 6 层，考虑经费预算，董大酉以实用、好用的设计为主，立面只开设矩形窗，局部竖向长窗，没有任何装饰。

弧形去修饰僵硬的线条，功能最大使用性，因级高而切出叠落的开窗面，局部圆弧墙面，形随功能而生

　　在上海，还有一些建筑师也对现代建筑进行试验，如庄俊，华信建筑的杨润玉，凯泰建筑的黄元吉与刘鸿典。

　　庄俊是一位以西方古典、局部西式折中为设计主线的建筑师，也是设计银行建筑的翘楚与代表性建筑师。20 世纪 20 年代末 30 年代初，现代主义建筑思潮来到中国后，由于曾是中国建筑师学会首届与多届会长，身在广大的建筑舆论与媒体宣传中的庄俊，自然也会受到现代主义思潮的影响。于是，在他众多西方古典风格的作品中，出现了一两个倾向于现代建筑的作品。

　　上海古柏公寓是庄俊设计的一群里弄住宅。在设计中，庄俊根据现代住居功能进行布局，分有两部分：一面有着成排一进一进的临街住房，4 层高，局部 3 层。而在住宅公共入口处、局部阳台及室内的墙面皆有着弧形的表现主义设计语言，庄俊企图用弧形去修饰与点缀原本僵硬的工整线条；另一面由单元组合成联排的住房，4 层高。在单元与单元间留设出共享的天井空间，同时用材料的不同去分割上下两区。而这两部分住居设计已看不见任何装饰性的元素，昭示着庄俊也试验了现代建筑。

上海孙克基妇孺医院　　　　上海政同路住宅　　　　　上海恩派亚公寓　　　　　上海恩派亚公寓　　　　　上海沙发花园住宅

上海孙克基妇孺医院，是庄俊尝试操作现代建筑设计的重要作品，也是近代中国人创办的第一栋妇孺医院，由妇产科专家孙克基博士（旧上海著名妇产科教授与医生，曾任市卫生局妇产科总顾问及市医院联合会主任委员等职，治学严谨、医术精湛、手术精巧，以"术后务求不发热、不输血、不使用抗生素，减少病人痛苦及经济负担"为医疗准则）创办，院内医疗设备部分由病人家属捐赠。

妇孺医院原是宋子文别墅，1928 年孙克基任上海医学院妇产科教授及上海红十字会总医院妇产科主任后，欲自建医院，因孙克基曾医治好宋氏夫人张乐怡妇科病，宋氏得知便将自宅赠用。孙克基便委请庄俊设计，由长记营造厂施工，1935 年建成，占地面积 3128 平方米，建筑面积 5600 平方米。此项目为钢筋混凝土结构，6 层高，局部 4、5 层。在设计中，庄俊为了满足现代医院的功能需求，将建筑形体予以工整化，方正的外形更符合现代建筑所阐述的功能最大使用性。在立面上，庄俊设计成 3 部分，中间部分是楼梯间与局部空间，凸出于两侧。而主要外墙材料为红砖，由白色水平线条修饰红砖面，贯穿整个建筑。楼梯的外墙也因级高而切出叠落的开窗面，饶富趣味。在底层部分，局部圆弧墙面成为了入口视觉性的引导。此项目呈现出简洁、利落、干净的现代建筑设计精神。这样的案例在庄俊大批古典作品中是稀有的，如昙花一现。

华信建筑的杨润玉是住宅项目的设计好手。20 世纪 30 年代，杨润玉在上海政同路（今政立路）进行了两种不同形式的住宅设计，一种是西班牙式，一种是时代流行式。其中，时代流行式，是杨润玉在进行现代建筑试验时的设计。在设计上，平面布局不对称，没有固定的轴线发展形态，所有内部功能皆依现代居住需求而随机发展，并从中生长出外在的形式，可以明显地看出一种"外形随功能而生"的体量关系。在立面设计上，杨润玉去除装饰性的元素，以干净平整的水泥墙面去展现建筑的形。入口处底层加高，水平窗带、圆窗、转角不落柱皆一一体现，而从"转角不落柱"和只有 2 层的设计反推，可以观察到此项目的构造方式倾向于承重墙系统，企图让室内空间保持完整性，并达到最大的使用程度。因此，此项目是一个倾向于现代建筑的住宅设计。

布置不同的户数组合，水平窗带的放大版，弧形墙的圆形窗

凯泰建筑的黄元吉于 1935 年设计了上海恩派亚公寓，这是一栋高层公寓，也是一个倾向于现代建筑的设计。

20 世纪 30 年代后，上海曾一度流行兴建高层公寓，标准层配以不同的套间，居住对象以有权势、经济上富有的中国人与外籍商人为主。此类高层公寓大多坐落在靠近商业区的道路转角处、河滨边缘地带或隐藏至道路内侧。黄元吉设计的上海恩派亚公寓即属此类住宅（道路转角处），由浙江兴业银行投资兴建。在设计中，黄元吉布置不同的户数组合，以 2 居室与 3 居室占多数，各户配有独立厨房、浴室、卫生间、餐厅、客厅等居住设施，水、电、煤气等设备皆齐全，垂直交通以电梯为主，并设有附属楼梯。由于是临街转角建筑，水平交通采用单侧走廊，底层全为出租用的店铺，以方便居民购物。在立面上，黄元吉设计了横向的连续带状开窗面与墙面，水平向语言鲜明，仿佛现代建筑设计原则中水平带的放大版，横向的水平窗带的整体立面加上白色的水泥墙，给人一种精炼的现代设计之感。而在道路转角处及局部墙面的立面处理则是竖向的墙板，或突出的弧形墙，暗示着建筑内部的交通流线。而弧形墙上的圆形窗与带状的横向水平窗带，构成了强烈的现代几何语言对比。

上海沙发花园住宅　　上海中国银行堆栈仓库　　上海中国银行堆栈仓库　　上海中国银行同孚大楼　　南京大华大戏院

刘鸿典曾入上海市中心区域建设委员会，任绘图员（3 年），协助董大酉进行建筑设计，负责上海市游泳池、上海市图书馆等项目。1936 年，刘鸿典入（上海）交通银行工作，任行员（1936—1939 年），经办建筑师业务，这一时期设计的上海沙发花园住宅群中有少量是倾向于现代建筑的设计，建于 1938—1940 年，合作者是李英年、马俊德。上海沙发花园住宅的建成，为老上海中产阶层提供了一个理想家园。

满足现代办公和仓储功能，圆弧和横向水平分割，顶部弧形压檐延伸绕过圆柱

以上海为发展根据地的中国银行（总管理处）建筑课，主持人是陆谦受与吴景奇，他们也有少数作品是倾向于对现代建筑进行试验，如上海中国银行堆栈仓库与上海中国银行同孚大楼。

上海中国银行堆栈仓库建于 1935 年，是一栋沿苏州河的现代化仓储建筑，高 11 层，钢筋混凝土结构，设于河岸边是为了能方便货物上下码头，并堆存摆放。此项目，陆谦受以方正规矩的平面布局来满足现代办公和仓储功能。在立面部分，陆谦受以圆弧和横向水平分割来形塑这座建筑，并用材料和色彩的对比（红砖墙和白水泥墙）将层次划分鲜明，简洁而利落，阳台也作圆弧处理，二、三层阳台打通成一体，其余各层阳台则较小，设计姿态往现代建筑靠拢。

上海中国银行同孚大楼是住商混合使用，底层为银行用房，其余楼层为公寓。因项目临街面，在设计时，陆谦受便将大楼平面布局设计为弧形，使建筑面积最大程度被运用。在立面部分，陆谦受仍以横向水平分割，褐色面砖饰面配以石质横竖线条，局部墙面有些装饰性。此项目的弧形运用得更为广泛，接近一种二维的曲面形式，尤其在角端以圆弧、圆柱做收头，顶部弧形压檐延伸绕过圆柱，再往后延伸至建筑背面，可以看出陆谦受在尝试表现主义的设计手法。

现代建筑的方向尝试，平屋顶，半圆形雨棚，弧形钢窗

杨廷宝在早年曾有对现代建筑进行试验的作品（天津中国银行货栈）。之后，在 20 世纪 30 年代后，随基泰工程司来到南京的他，设计的绝大部分作品皆倾向于中华古典、中式折中风格，只有南京大华大戏院，带有点现代建筑的倾向。

南京大华大戏院建于 20 世纪 30 年代中，是当时南京最早建造的戏院之一，也是规模最大、配备齐全的一家戏院（容纳 1000 余人），钢筋混凝土结构，局部砖墙承重。在设计中，杨廷宝按照现代剧场的要求与配备来设计，不浪费任何空间，饱满地坐落在场地上，主入口设于临街面，两侧是散场出口。杨廷宝在室内采用对称式布局，一楼有宽敞门厅，12 根红柱，左右两侧是售票房及男女厕所，楼梯置于门厅后中间处，经由楼梯两旁通道到达观众席，尽头是舞台，一楼更靠两边是安全出口通道，分别有两座楼梯（安全逃生梯）。而二楼的布局重点是用回廊联系空间，门厅上部的回廊包覆着矩形挑空空间，挑空顶部是格子状吊顶，置嵌灯，回廊两侧有办公室、男女宾休息室、冷饮室，回廊与二楼楼座间有 1 个穿堂，置 1 个室内喷泉及两间衣帽间，楼座旁有吸烟室，吸烟室连接着楼梯（安全逃生梯），方便散场疏通，而二楼舞台上方处也有一回廊，边上有数间化妆室、厕所与机器房。此项目，杨廷宝在入口雨棚处采用了横向的弧线处理，两三条弧线相互交叉，并让此成为一、二层立面的水平向延伸划分，入口两旁也削角为弧形墙，而二层立面下方设一排矩形窗，也在两侧墙面削角为弧形墙，抛弃多余的装饰元素。可以观察到，立面的水平、弧线与弧形墙的语汇，标志着杨廷宝往现代建筑的方向尝试，但

南京国际联欢社　　　　湖南电灯公司办公楼　　　　北京大学女生宿舍　　　　广州勷勤大学校舍　　　　中山大学学生宿舍

在室内及局部，仍是浓厚的中华古典装饰氛围，大红柱柱头有彩画纹样、回廊的框边有雀替装饰、扶手有镂空的古典装饰纹样等，都显示此建筑仍是一个折中设计，却稍往现代建筑靠近。

基泰工程司其他建筑师多少也对现代建筑进行过探索，南京国际联欢社就是一例，由基泰工程司建筑师梁衍主导。联欢社为钢筋混凝土结构，高3层，平屋顶，入口为半圆形雨棚，中间部分以框架柱与弧形钢窗结合，而部分墙面以檐口线和窗腰线等横向线条为主，是个倾向于现代建筑的设计。

除了上海、南京，其他区域（长沙、北平、广州）也有部分建筑师在对现代建筑进行探索。

墙面转角处施以圆弧收边，倾向于表现主义，外在形式是内部功能的反映

原本从苏州回到上海重整华海建筑业务的柳士英，于1934年又再度离开上海，奔赴长沙，任教于湖南大学土木工程系，之后任系主任。这一时期，可以在长沙湖南电灯公司办公楼项目中，观察到柳士英的设计演变，他开始倾向于对现代建筑进行探索，但还不太明显。

在柳士英的早年设计中，装饰性元素偏多，如上海中华学艺社，且还有点西方古典倾向，如安徽芜湖中国银行、上海王伯群故居，但更多的是折中的体现，如上海同兴纱厂、杭州武林造纸厂、上海大夏大学校舍与上海大夏新村。到了长沙后，柳士英在电灯公司办公楼设计中，墙面的装饰性元素偏少，并设矩形窗，他还在墙面（主入口处、顶部一圈水泥墙面）转角处施以圆弧收边，这有点倾向于表现主义的手法。因此，可以稍微窥视到，柳士英正往现代建筑的试验迈进，之后，他在20世纪40年代中后期，在湖南大学内创作出一系列倾向于现代建筑的校园建筑。

1928年，梁思成与林徽因在沈阳创办东北大学建筑工程系。3年后（1931年秋），受朱启钤极力邀请，梁思成辞去东北大学建筑工程系主任一职，从沈阳回到北平，加入（北平）中国营造学社，任法式部主任，并在北平安家，住在北总布胡同3号院。而林徽因产后体质虚弱，感染上肺结核病，已于1930年冬回到北平香山静养。加入营造学社后，梁思成开始潜心在关于中国古建筑史方面的研究。在这时期，梁思成与林徽因承接了北京仁立地毯公司、北京大学地质馆与北京大学女生宿舍3个项目，其中，北京大学地质馆与北京大学女生宿舍皆是倾向于现代建筑的设计。

北京大学女生宿舍，高3层，局部4、5层，共设有112间居室，平屋顶，砖混结构，墙体使用灰砖。在设计中，梁思成注重内部的功能合理布局，体现一个现代宿舍楼的设计，形随功能而生，外在形式已是内部功能的反映。建筑分8个居住单元，单元大门朝向内院，每单元设有楼梯，单元每层有6—8间居室，内有壁橱，居室外有走廊联系，在尽头设有公共厕所与水房。在立面上，梁思成没设计太多的装饰性元素，相当简洁。原北京大学地质馆也是如此设计。

实用，减少浪费，形体简洁，横向窗带，首重功能，方形，非对称性，半圆弧形悬挑阳台，螺旋钢梯

广州在20世纪30年代中期也是个试验现代建筑的大本营，体现在校园与住宅建筑上，其中以林克明、胡德元为代表性建筑师，他们也是（广州）省立工业专科学校土木工程科的老师。

早年，林克明以古典的风格设计扬名于中国近代建筑界。可是在广州勷勤大学校舍设计中，林克明以实用、经济为设计原则，减少铺张浪费，不采取华丽繁复的装饰，校舍皆是平屋顶，3层高，局部4层，形体明快简洁，皆水平展开，线

中山大学发电厂　　　　　　　中山大学电话所　　　　　　　中山大学电话所　　　　　　　广州林克明自宅　　　　　　　广州林克明自宅

条利落，并采用横向的窗带，少量的装饰性，是倾向于现代建筑的设计。林克明在工料上也以坚实与适用为主，这些校舍皆在 1935 年左右建成。同一时期，林克明在部分广州中山大学校舍设计（发电厂、学生宿舍）也采取现代建筑的设计原则：平屋顶，形体明快，线条简单，首重功能。

以上，可以观察到，林克明在勤大、中大校舍设计上已进行现代建筑的试验，同时在勤大建筑学教育上也施行一套现代建筑的教学理念，办过教学成果展，出书，向外界宣告。因此，广州在 20 世纪 30 年代中期是中国近代建筑界抑或建筑教育界现代建筑运动的大本营，他们也称之为"新建筑运动"，勤大的师生对现代主义思潮、现代建筑有着清晰的认识，并给予支持与肯定。早在（广州）省立工业专科学校时期，林克明就曾在《广东省立工专校刊》上撰文（《什么是摩登建筑》，1933 年），这是他第一次向外界介绍现代主义建筑思想，可见，他早已意识到这一"新"思潮对建筑的影响，而他的留法经历（1921—1926 年），更让他早就关注到现代主义思想（酝酿于 20 世纪 10 年代末）。

胡德元是林克明的好伙伴，两人的建筑学教育理念趋近，即认同现代建筑的教学理念，他曾在建筑史学课目中，介绍现代建筑思潮及演变脉络，让学生能够清晰分辨古典与现代的区别。同时，胡德元也撰文（"建筑之三位"）阐述他对现代建筑的观念，即实用是现代建筑的基本意义，首重用途，后才关注材料，最终转化为艺术精神方面的一种思想。胡德元设计的广州中山大学电话所就是一个较为标准的现代建筑作品。

20 世纪 30 年代中期，林克明在广州越秀北路一带参与规划独院住宅小区，是简易的平房，低层、低密度。抗战爆发后，林克明短暂住在其中一栋（后称林克明自宅），至今保存完好。

林克明自宅于 1935 年建成，由林克明本人亲自设计，是广州地区有防空洞（厚度 1 米）的第一栋私人住宅，高 2 层，平屋顶，清水红砖墙结合淡黄色意大利抹灰，设有露台、花园和围墙。由于场地南偏东 30 度，纵深约 10 米是平地，其余是坡地，在设计时，林克明筑挡土墙填平至 16 米，填平部分作半地下室使用，有厨房等功能空间，外有服务平台，可供洗衣、晒衣用。林克明以满足现代居住功能而布局，一层的门厅、客厅与餐厅在同一个大的空间中，使得室内空间显得宽敞有流动性。设一书房，供林克明自己与夫人在家备课用。二层设有主卧室、卧室与居室，主卧室外有一半圆弧形悬挑阳台，由钢管柱栏杆围合，且建筑是一个简单的矩形，所以，半圆弧加方形体现的是现代建筑设计中常见的非对称性、几何形的体量组合语言，还开设有转角窗，窗外有曲线形窗格。主卧室的半圆弧形悬挑阳台下方是一开放的车库。二层后方的居室可供休息，并有一螺旋钢梯可到上方平台空间。这是一个较为标准的现代建筑设计。

面向国际，积极地与世界接轨，展现对现代建筑的追求

总体上观察，20 世纪 30 年代后是中国近代建筑师发展的高峰时期，他们面向国际，积极地与世界接轨，部分建筑师展现对现代建筑的追求，他们试验的态度是谨慎的，亦步亦趋探究着这一新建筑思潮。

1937 年抗战爆发后，现代建筑作品爆减，部分建筑师随着国民政府撤往西南大后方，让这些区域（昆明、重庆）也出现了少量倾向于现代建筑的作品。

| 昆明南屏大戏院 | 昆明南屏街银行 | 重庆圆庐 | 重庆中国滑翔总会跳伞塔 | 重庆建国银行行屋 |

采用曲线形，竖与横的对比，大面积玻璃窗，水平水泥饰带，虚实墙面

抗日战争爆发后，华盖建筑决定前往昆明继续开拓业务，设立分所，维持公司的营运。早在抗战前，赵深已承接昆明业务（昆明大逸乐大戏院），而昆明南屏大戏院是赵深在昆明承接的第二个大戏院项目，是个倾向于现代建筑的设计。

昆明南屏大戏院由昆明地区上层社会龙云（1884—1962 年，字志舟，彝族，主政云南 17 年，使云南的政治、经济和文化等方面建设取得重大进步，被誉为"民主堡垒"）夫人顾映秋与卢汉（1896—1974 年，原名邦汉，字永衡，彝族，中国近代军事家）夫人龙泽清、刘淑清等出资建造，建于 1940 年，号称是"最豪华的、最为现代化的远东第一影院"（上映的影片与好莱坞同步）。昆明也在战时成为中国近代电影事业中心，许多大影片公司（华纳、环球、雷电华、派拉蒙等）在昆明派驻代表，负责办理影片相关业务（播放、租片）。

昆明南屏大戏院场地临街（晓东街），赵深将戏院设计成一个南北向的长方形几何体，高 3 层，南向呈圆弧形，底层作为戏院主入口。经由主入口进入室内后，一层有挑高大厅、售票处及休憩等候区，二层设有环绕回廊及茶座。而在观众厅设计上，赵深采用曲线形，满足了观众观看的视线，最多可容纳 1400 人。在外立面设计部分，水洗石的外墙，在造型、语汇上，相当程度与上海金城大戏院相似，采用竖向与横向的对比表述，竖向语言产生在圆弧形戏院主入口上方，由 7 根从二层底贯穿到三层顶的水泥小圆柱，收到墙板内构成，并用大面积玻璃窗来增加室内大厅的光线，另外在东面墙上嵌有一高于戏院 3 米多的竖向墙板，上覆有戏院名称；横向语言产生在东、西面的墙上，赵深用水泥的分割勾缝与墙面上两段的水平水泥饰带（内置两排方块窗）来构成。以上的操作说明，赵深在昆明再一次试验了现代建筑的语言与手法，即虚实墙面与横平竖直。昆明南屏大戏院建成后，盛极一时，与南京大华电影院（基泰工程司的杨廷宝设计）和上海大光明电影院（邬达克设计）相媲美。

对环境的体察，功能性思考，几何形，随机放射的布局，室内流线顺应山坡

另一家建筑公司基泰工程司在西南大后方的许多项目皆围绕着古典风格打转，但仍有个别项目突破了古典的范畴，向现代建筑方向试验着，比抗战前更往现代建筑靠近，仍由杨廷宝设计，如重庆嘉陵新村国际联欢社、重庆圆庐。

建于 1940 年前后的联欢社与圆庐相距不远，高 2 层，皆为砖木结构。联欢社是一自在生长的非对称平面，是对环境现状（临道路转弯处而成形）体察后而产生的布局，倾向于现代功能性的思考。圆庐则是将几何形平面（圆形、长方形带尖角）置于场地之中，来探讨简单形体与环境（山势）之间的对话。两者设计中都因应于环境而设计，生成的平面皆挣脱了古典所赋予的对称性命题，同时分别走向随机与放射的现代室内空间布局。联欢社的随机是在"L"字形之间用两个大小不一八角形扣合，在一端长出一个"一"字形平面，一直向楼梯联系（因地形而高度不同），大八角形中有 8 根圆柱环绕，而小八角形对应的是主入口，主入口外是道路转弯形成的小广场，入口门厅旁有一楼梯沿着八角边而上，室内有两处是 4、5 步短阶梯，都让室内流线因功能及顺应山坡而走得更加自由。圆庐因圆形平面而让室内形成放射、同心圆布局，起居室（一楼）与圆厅（二楼）为中心，其他扇形用房（门厅、传达室、会客室、卧室、餐室、书房、居室、储藏室、卫生间）环绕而设，在一层伸出一长方形带尖角平面，布置厨房、工友室及穿堂。由于周边房子为传统坡屋顶，因此，联欢社与圆庐皆因地制宜地设了坡顶形式覆盖，联欢社有八角攒尖顶与歇山顶，圆庐有六角形花瓣伞顶，覆盖重庆常见的青瓦，也设了无装饰元素的八角窗、长方形窗与矩形窗，尤其在圆庐圆厅顶部设一圈气窗，以利采光与通风，也是与自然对话的窗口。

重庆建国银行行屋　　　　昆明酒杯楼　　　　　　天津久安大楼　　　　　　天津久安大楼　　　　　　天津孙季鲁故居

几何的圆形平面也用在重庆中国滑翔总会跳伞塔的设计中。跳伞塔为钢筋混凝土结构，呈圆锥形。塔高 40 米，塔身底部直径 3.35 米，塔身顶部直径 1.52 米，塔内有螺旋楼梯，塔尖外设 3 只伸出长 30 米的钢臂，各悬一伞，作为培训飞行员跳伞之用，塔底有一直径 40 米的圆形平台，由 6 根方柱支撑。几何形体在此项目中运用得更加精简，这是因其功能相对的单纯而致。

在重庆期间，兴业建筑也设计了重庆建国银行行屋。重庆建国银行行屋是 1941 年由刘芹堂开办的建国银行总行，是商业银行，原本重庆建国银行是由泥巴和竹子为材料修建成的平房，于 1944 年重建，委托兴业建筑负责设计。重新设计时，由于原建国银行的地基面积较小，且临街道转角面，过往的行人与车辆较多，阻碍交通，有碍观瞻，故兴业建筑便将原本的方形建筑改设计为高 5 层的圆形建筑，圆形既缓和了一切，同时也展现出几何形体的纯粹性，相对也满足了现代化的银行功能。而立面上竖向的墙面分割，更使圆形建筑彰显出一种向上的视觉延伸性，在城市中，极为醒目，而简洁纯粹的形态则是倾向于现代建筑的设计。昆明酒杯楼也是如此设计的。

值得标记的建筑现象的转移

总之，华盖建筑昆明分所的作品，基本延续抗战前事务所设计的基本思路（现代建筑），没有多大的改变。而基泰工程司则是尝试向现代建筑试验，兴业建筑亦是如此。他们与其他原本在沪宁地区发展的建筑师，纷纷将建筑经验随之西移应用在昆明、重庆，且更多倾向现代建筑的试验，这是一个值得标记的建筑现象的转移，就如同二战前，一批欧洲建筑师转往美国发展，将现代主义建筑思潮引入美国的情形一样。

抗战期间，在天津、上海地区，仍有部分建筑师对现代建筑进行探索，包括有阎子亨设计的天津久安大楼，雍惠民设计的天津孙季鲁故居，范文照设计的上海美琪大戏院与上海集雅公寓，奚福泉设计的上海福开森路 4 号住宅与上海玫瑰别墅，顾鹏程设计的上海贝当路 249 号住宅，谭垣设计的上海福开森路 12 号住宅。

用圆弧形来让建筑柔化，夹角处用弧形处理

天津久安大楼于 1941 年建成，主体中间部分高 5 层，两侧高 4 层，属于混合结构。建筑内部底层为营业大厅，并有挑高空间，办公附属空间沿着周围配置，二层以上为办公室。此项目可以看出阎子亨已习惯用圆弧形来处理建筑的转角空间，企图让建筑柔化并有一种流线型。另外中间部分的高起，似乎也成为阎子亨一贯的设计，他对于设计现代大楼的手法更加纯熟，语言也精炼，中间竖向垂直线条与两侧的横向水平线条相互搭配。

同样位于天津的原孙季鲁故居由雍惠民设计，1939 年建成，高 3 层，砖混结构，平屋顶，以 "T" 字形布局，建筑的夹角处用弧形处理，体现的是现代建筑中几何体的完全展现。

圆形巨塔，挑空空间，回廊式布局，弧形雨棚，速度的美感

抗战期间，范文照建成的作品不多，保留下来的就 2 个：上海美琪大戏院与上海集雅公寓。两个项目均未偏离现代建筑语言。

| 上海美琪大戏院 | 上海集雅公寓 | 上海集雅公寓 | 上海玫瑰别墅 | 上海玫瑰别墅 |

有了之前良好的合作关系（南京大戏院），10 年后，在 20 世纪 40 年代初，何挺然又将上海美琪大戏院项目委托范文照设计。美琪大戏院（Majestic Theatre）是向社会征名而定的，于 1941 年深秋开幕营业，首映《美月琪花》（美国福克斯影片公司摄制），是上海孤岛时期建成的最后一家专映西片的首轮影院。美琪大戏院，高 2 层，钢筋混凝土框架结构，占地面积 2612 平方米，建筑面积 5416 平方米。此项目位于道路交叉口处，主入口即设于此，为一高大的几何圆形巨塔，气势磅礴；进入后，圆形门厅是高 2 层的挑空共用空间，宏伟壮观，宽敞明亮，顶部有水晶吊灯，缤纷灿烂，喷泉设在其中，流光溢彩；两翼连接观众休息厅和穿堂，右翼穿堂设有螺旋形扶梯；二楼采用回廊式布局。在设计时，范文照仍极度饱和化，布局理性，明确地将休息厅、门厅、售票厅、楼厅、楼梯、穿堂等各功能空间分立，妥善运用，并富于变化，自然流畅，室内还加有艺术雕塑，营造气氛，富丽庄重，楼梯与地坪采用磨石子材料，共 1597 个座位。在外立面部分，范文照在几何圆形巨塔上做直线条长窗，供给室内光源外，也形成竖向的垂直语言，巨塔下为一弧形的大雨棚，与巨塔搭配产生一种速度的美感，两侧墙面有数个方窗与横向窗带，在线条、比例与体量之间层次分明。开幕之际，曾被海内外人士誉为"亚洲第一"。

单元设户，合宜方便的模式，不带装饰的矩形窗

范文照对于住宅项目有他自己独到的理解，除了极度饱和化外，他还觉得住宅应具备现代生活的特质，即舒适、方便和安逸之需求，以及他始终认为的从内而外的设计，1942 年的上海集雅公寓是范文照在走向现代建筑试验后的最具代表性作品。

集雅公寓的场地稍具难度，是不规则地形，范文照以"T"字形布局，两侧留出进出口的车道，东南侧设一露天停车场，建筑临街面（北面）是一完整的体块，"T"字形的凹角处（南面）则成为小区步道及景观绿化，当时以小家庭及单身独居住户为主。公寓中间主要单元为 7 层，东西两端单元为 4 层，都设有专属出入口。中间主要单元设两个 4 室户和 6 个 1 室半户，每户均为套间及凹室配置，此处的厨房比上海协发公寓小，起居间较大。每户都设有内阳台（向南、向东西面），增加室内采光与通风，卧室设壁橱。范文照在此项目中，合理地分配使用面积，在增删调整后，提出合宜、方便的公寓模式，临街面的一层部分是可出租的店铺。在处理完内部功能后，范文照接着美化建筑形式，仍不脱离他既有的手法，纯粹与精炼。建筑外墙贴黄色马赛克，中部是电梯与楼梯，其外墙面施以垂直向水泥线板，线板间隔竖向窗，东西两端单元楼梯外墙则做垂直向长框，这 3 部分构成强烈的竖向线条语言，其他墙面开设不带装饰的矩形窗，规矩排列着。由于抗战胜利后，范文照没有任何代表性的作品建成，上海集雅公寓成为他在大陆时期最后一个重要作品，建筑本身的构思与细致，反映出建筑师本身的设计功力。

平屋顶，非对称式布局，细致的栏杆围合，弧形处理，横向的水平窗带，转角窗

上海福开森路 4 号住宅与上海玫瑰别墅是奚福泉在战时的两件作品，皆是花园别墅。

玫瑰别墅其主人蓝妮，是孙科的二夫人，蓝妮嫁给孙科后，有了稳定的生活，为了接济与前夫所生的 3 个孩子，她开始涉足房地产，看中了复兴西路的高贵、宁静，经友人资助建造玫瑰别墅，于 1940 年完工，据称，当时价格达 35 万元。

上海福开森路4号住宅　　　　上海福开森路12号住宅　　　　上海贝当路249号住宅　　　　上海贝当路249号住宅　　　　南京美国顾问团公寓大楼

玫瑰别墅交由奚福泉、赵深、陈植设计，每人分配一两栋，设计出7栋风格各异的房子，平屋顶，并使用不同颜色，非常醒目与别致，蓝妮还亲自监工建造。7栋房子每栋都3层楼，虽风格各异，但都是倾向于现代建筑的设计。

奚福泉设计的上海福开森路4号住宅与谭垣设计的上海福开森路12号住宅有相似之处。由于都位于上海福开森路，两栋距离不远，皆以满足现代居住功能而设计，采取非对称式布局，皆有阳台，设有细致的栏杆围合，体现的是国际样式中的工业轻质的构造语言。平屋顶，局部墙面、入口处与阳台转角是弧形处理。临街外墙面设有圆窗、矩形窗、竖向窗，而矩形窗上下有水泥线版作收边，强调一种横向的现代建筑线条语言。

而顾鹏程设计的上海贝当路249号住宅，横向的语言更加强烈。建筑先以一个完整的几何体出现，非对称式布局，形体依内部功能而衍生，平屋顶。然后，顾鹏程在外墙面上设横向的水平开窗带，还在形体的退缩与转角处开设转角窗，形成"转角不落柱"的外在形象，因此，这是一个更为标准的现代建筑的设计，既简洁又精炼。

小高潮，现代功能，采用预铸构件建造，横向语汇鲜明

抗战胜利后，新一波战后复兴的建设工程旋即展开，现代建筑作品的数量便逐渐增多，迎来了一段小高潮，但维持不久，只2年左右。而原本撤往西南大后方的建筑师也返回原执业根据地（南京、广州），重启事务所的业务。

华盖建筑的赵深（1945年）和童寯（1946年）先后返回上海，昆明和贵阳分所皆结束战时业务，2人与陈植重新整合为一，在华盖建筑上海总所继续经营建筑业务，并在南京设立分所，由童寯负责，这一时期设计的南京美国顾问团公寓大楼是华盖建筑战后的代表性作品。

南京美国顾问团公寓大楼项目由童寯主导。公寓大楼分A、B两栋楼，俗称"AB大楼"，占地面积约24000平方米，建筑面积约15000平方米，皆是国民政府购地所建，于1935年委托华盖建筑设计，新金记康号营造厂承建，1936年动工，因战争暂时停工，直到1945年才建成。AB大楼楼高4层，在设计时，童寯以现代功能合理的公寓要求来布置平面，采用钢架、玻璃和预铸构件建造。在立面上，横向的水平玻璃窗带与墙面间隔分割语汇鲜明，在撤除装饰后，让延伸的长方几何体组合显得干净与纯粹，同时突出了立面的虚实对比，这是一件更精确的现代建筑作品。

抗战胜利后，华盖建筑在南京陆续接了不少业务，但上海的业务仍不多，总部经营困难，承接到上海浙江第一商业银行（1948年复建，1950年建成）后，才稍稍缓解经济压力，此项目由陈植、赵深负责。

台湾地区在抗战期间，也受到战火波及，导致产业严重受创，到了"二战"结束、日本战败投降后，台湾地区于1945年10月25日光复，随之国民政府至台接收敌产，在技术官僚领导下启动百废待兴的重建工作，部分大陆企业纷纷投资，帮助台湾地区经济复兴，而台湾地区战后经济依靠米糖、香蕉、木材的出口赚取外汇，并以轻工业产品的进口替代国际收支，但由于市场不大，饱和极快，遂转入出口扩张的经济发展。华盖建筑也于1947年委派陈植至台北，设立分所，承接原台北糖业公司大楼项目（1951年建成），由陈植负责。

台湾糖业公司（简称"台糖"）于1946年春在上海成立，接收日本所属在台各糖业相关机构后，于1947年初将总部从上海迁至台湾台北，于1948年秋正式召开股东大会，并报工商部核准登记，后台糖又因各事业部多位于台湾南部，为方便调配资源，将总部从台北迁至台南。之后，台糖利用丰富的甘蔗资源发展成为台湾地区的大型制糖企业。华盖建筑承接糖业公司大楼设计后，陈植与赵深经常往来沪台两地，1948 年后，他们结束台糖工程，选择留在大陆。

横向表述，强烈的水平线条

在设计上，上海浙江第一商业银行及台北糖业公司大楼仍不脱华盖建筑惯用横向表述手法，两件作品相当类似。

浙江第一商业银行早在 1940 年委托洋人建筑师设计大楼，工程进行到打桩阶段，因战争而停建，1948 年复建时，银行方对原方案不甚满意，便找到陈植，将业务委托给华盖建筑设计，由陈植主导。

上海浙江第一商业银行，占地面积 1666 平方米，建筑面积 13223 平方米，楼高 8 层。由于基础已打桩，框架结构（钢筋混凝土）已固定，陈植在原方案构架上设计时，并无太大的创作与改动空间，只能在原平面上作功能合理的布局，将客户与职员、员工的出入流线划分开来，客户由江西中路的主入口大门进入营业大厅，而职员、员工由汉口路的次入口进出，这一侧也布置小空间、楼梯间、电梯间，成为室内上下流线的控制区块，各层都设有办公室，保险库安装在夹层内，较为隐秘。立面上，在基座和夹层用石料贴面，上层贴红褐色面砖，并在外作一层整面的横向分割处理，内有大面积带状采光窗、遮阳板和窗台，刻画出强烈的水平线条，而汉口路次入口上方的立面则采用竖向的垂直墙板分割处理，既朴实又简洁，不加任何装饰，总之，陈植用墙、门、窗等元素构成了现代建筑的要素。工程进行时，陈植也曾带之江大学建筑系学生前往参观，作为银行设计课题演练前的考察。

20 世纪 40 年代在台湾地区，民间的建筑活动大多延续着日据时期的木造和加强砖造的构造形态，而台北糖业公司大楼是少有的公共建筑项目，采取新的现代建筑观念。在大楼立面上，陈植设计了横向的水平分割窗带，展现出国际样式的建筑风格，但此项目与上海浙江第一商业银行的形态相似，都因墙柱未分离，强烈的水平线条受到外柱、柱间分隔之短柱及墙板的干扰，水平延续的不够纯粹与彻底，但都还是个倾向于现代建筑的设计。而糖业大楼屋顶女儿墙的旗杆插座、入口处的装饰及双外柱扩大斜出并顶到上方水平墙板的语汇，还是显示出些许淡化的折中语言。

现代厂房功能空间运用的最大化

赵深是江苏无锡人，13 岁才离家北上求学，抗战胜利后，他也利用家乡的人脉关系到无锡拓展业务，承接有无锡茂新面粉厂、无锡申新纺织厂、无锡太湖江南大学校舍等项目。无锡茂新面粉厂是民族工商业先驱荣宗敬、荣德生等于 1900 年筹资创办的，是荣家创办最早的企业，原名保兴面粉厂，后改称茂新面粉厂。原厂房因抗战期间被炸毁，设备受损，于 1946 年后重建，委托华盖建筑设计，无锡振兴营造场承建，于 1948 年初建成，有麦仓、制粉车间、办公楼等。在麦仓与制粉车间设计中，赵深寻求现代厂房功能空间运用的最大化，建筑以方正规矩的几何体呈现。在立面上，赵深以红砖与水泥作为主要材料，设计了两种表现形式：一种是在二层底以上到顶的墙面范围内作竖向的垂直分割表述，一列是红砖面，一列是水泥面与矩形窗，交叉并置；另一种是在五层以上的墙面，以一排水泥面与矩形窗构成横向的水平表述，其他部分全是红砖，此两组墙面表现形式形成了对比性，也打破了一般工厂给人僵硬的感觉。另外，在一侧墙面设有面粉出货的螺旋状滑道及虾壳状拔尘烟囱，体现一种工业的设计感，而麦仓的仓底是钢架结构，皆用英国制造的工字钢构成。面粉厂办公楼是一个 3 层高的方正几何体，设有荣德生办公室、厂长室、工务处、交易所、招待处、会堂及高级职员宿舍，是面粉厂的生产经营管理中心，在立面上，赵深用两段的水平水泥饰带（内置两排方块窗），构成了横向表述。

1945 年抗战胜利后，国民政府还都南京，基泰工程司也将总部迁回南京。同年，关颂声任中华营建研究会编辑委员会名誉编辑及中国市政工程学会第二届监事，隔年任孙中山先生陵园新村复兴委员会委员。此时，杨廷宝正在美国、加拿大、英国考察建筑（1944—1945 年）。战后的南京，急需建设复兴，于是基泰工程司迎来了新的项目机会。

从杨廷宝的作品可以观察到，战后时期，他除了个别项目是大屋顶的中华古典风格及少数折中设计，多数项目皆转向对现代建筑进行全面性的探索，一直延续到新中国成立以后。虽然，他在战前或战时有少量项目（天津中国银行货栈、南京大华

| 上海浙江第一商业银行 | 台北糖业公司大楼 | 无锡茂新面粉厂 | 无锡茂新面粉厂 | 南京新生俱乐部 |

大戏院、重庆嘉陵新村国际联欢社、重庆圆庐、重庆中国滑翔总会跳伞塔）是倾向于现代建筑的设计，但姿态还不太明显，因为他在战前或战时绝大部分时间都在操作中华古典、中式折中的设计语言。而设计姿态上的转向与1944年他受国民政府资源委员会委托派往欧美等国考察有关。

二战期间，大批的欧洲建筑师辗转逃亡至美洲，也把现代主义的思想与技术带到美国，对美国的现代建筑是一大促进，而美国本土培养出（事务所）的建筑师弗兰克·劳埃德·赖特（Frank·Lloyd·Wright）仍继续他的现代设计探索。

20世纪40年代前后，赖特设计的作品有流水别墅（1937年）、约翰逊父子公司办公大楼（1937年）、雅各布住宅（1938年）、麦迪逊约翰逊住宅（1938年）、西塔里埃森别墅（1939年）、史蒂文斯住宅与别墅（1940年）、约翰逊制蜡公司实验楼（1944年）等。这个时期的赖特正进入晚期的设计阶段与形态，他从早期的手法（开放式、非对称、格子直角）与材料（木、灰浆、石与砖）转向发展出许多自由表现、有机与流线形式的设计，以及现代与本土材料的搭配（玻璃、混凝土配上木料、石材），如：流水别墅融入地景的设计，约翰逊父子公司办公大楼的香菇柱与弧形外墙的曲线造型。

非对称布局，材料的仿真，材料已脱离装饰层面，试验性的构筑，几何形的堆叠及移位，空间的层级性

杨廷宝考察期间，曾拜访赖特，并对赖特带有东方色彩的设计非常感兴趣，他心仪赖特的打破方盒子设计，并从中探索建筑与环境之间的和谐与构成，以及开放、灵活的布局让空间内外形成流动性与通透性，同时忠实地将建筑材料呈现出，去寻求大众的认同。这些都对杨廷宝产生影响，体现在他回国后的设计中。

杨廷宝在他的自用住宅设计（1946年）采用大矩形加小正方形平面组合，而非古典的轴线对称式布局。在一层，杨廷宝将楼梯置于大矩形平面中间，利用短墙分隔空间，使客厅与饭厅形成一整体，没阻隔，空间相互流通，此手法相似于赖特的非对称平面布局，同时使用本土的旧材料（城砖）建造，有一种自然循环的再生观念，既环保又实惠，工程造价也低。

南京宋子文故居（1946年）也是相似的设计手法，在这个项目中，杨廷宝着重在材料的仿真与多重建造上，建筑为钢筋混凝土结构，室内天花是钢筋混凝土仿木形式，壁炉用粗石堆砌，建筑共3层，底层用毛石砌，坚固耐用，上面2层为砖砌，表面是米黄色拉毛粉刷，颗粒大，触摸的质感强，重点是屋顶面用芦荻拌以白水泥砂浆铺设，共3层（厚约2厘米），最上层做成蜂窝状，有如茅草一般。以上的运用说明此项目的材料已脱离装饰的层面，且带有试验性（茅草顶）的构筑呈现，这在现代建筑的范畴之内，也是赖特所熟悉的设计手法。而室内布局追求与自然地形（坡地）结合，依高度不同设有南北双入口，房子依山而建，错落有致，屋顶的大烟囱与老虎窗更让建筑有着一种农舍田野风情（对比赖特的草原风格）。

南京新生俱乐部（1947年）更明显地接近于赖特的草原式住宅布局，强调格子、直角的设计，平面依不同功能（大礼堂、讲台、音乐室、交谊室、办公室、餐厅、厨房、男女厕等）需求与尺度向水平（南北向）延伸展开，并依序用数个几何形置入堆叠及移位调整后，空间如生物般的有机成长，并创造出空间与空间之间的层级性，是个开放式、非对称的平面布局，同时平面对应于立面所塑造出来的体形，让建筑造型更加丰富，入口有深挑檐雨棚，　圆柱支撑及墙角导弧形，屋顶则是低矮坡屋顶与平顶相互扣合的组织，外观明快简洁。

南京孙科故居　　　　南京孙科故居　　　南京国民党通讯社办公楼　　南京招商局候船楼　　南京招商局候船楼

"十"字形的延展，良好的景观面，功能区分，平屋顶，水平深挑檐，转角不落柱，落地玻璃，屋顶水池

　　南京孙科故居（1948 年）也是同样的手法，从"十"字形平面延展成各方向长短不一的方形，使得室内空间（大客厅、餐室、厨房、会客室、书房、客室、卧室、小厅等）皆有良好的朝向与景观，增加了与自然的接触，且室内功能区分鲜明，互不干扰，但也相互流通带有压顶条的平屋顶水平深挑檐（门廊、卧室外的遮檐）运用更直接，墙板亦上下左右地环绕与包覆在房子之间，部分墙面转角不落柱（墙），改以落地玻璃视之，二层阳台有钢管栏杆，以上有着国际风格（International Style）的味道。同时，建筑也相对地开放，设有门廊、后平台及通往户外的楼梯，让建筑更加亲近自然，屋顶的水池设计，也让建筑达到了隔热与降温的功用。

　　南京基泰工程司办公楼扩建（1946 年）、南京招商局候船楼（1947 年）、南京国民党通讯社办公楼（1948 年）是杨廷宝在高层项目中对现代建筑探索的案例，皆是平屋顶及对立面进行简化的设计。基泰工程司办公楼扩建，在立面上，横竖的线条对比强烈。通讯社办公楼平面在"工"字形的布局基础上，立面更加干净、简洁，竖向墙面的分割与长形窗逐层地规矩排列，墙角与窗边都没有任何多余的装饰。而候船楼立面的带状连续角窗，增加了虚实感，使建筑轻盈与通透，中间的圆窗与两侧墙面的圆弧处理，有其细部设计之巧妙。

　　新中国成立后，杨廷宝的业务有了新的发展。1950 年，杨廷宝与杨宽麟受到兴业投资公司的邀请，两人一同搭档组建兴业投资公司建筑工程设计部，杨廷宝任建筑总工程师，杨宽麟任结构总工程师，但不常驻京，这个时期的项目有北京和平宾馆、全国工商业联合会办公楼、北京王府井百货大楼等。其中和平宾馆当时备受各界关注，"一"字形平面，高 8 层，钢筋混凝土框架结构，外观简洁利落，是个倾向于现代建筑的设计，也契合当时"反浪费"的风潮。1952 年，杨廷宝任南京工学院建筑工程系（原南京中央大学建筑工程系）系主任。1954 年兴业投资公司建筑工程设计部并入北京市设计院（今北京市建筑设计院）。

体量的不对称性，逐层退台，工业轻质构造，流线倾向，强烈的竖横向对比，扇形布局，连续的出挑檐口

　　上海张群故居是任职于兴业建筑的汪坦所设计，由同事戴念慈画透视图。上海张群故居设计呈现的是现代建筑的语言，包括有体量之间的不对称性，部分体量向后向上逐层退台（这也是兴业建筑惯用的手法），形成阳台空间，用一半水泥墙（下）一半铁件栏杆（上）构成阳台的围合，体现了工业轻质构造，而部分墙面是曲面或弧面的形态，有着表现主义的流线倾向，水平带窗与转角窗的开设，更是标准的现代建筑语言，并增加光线均匀的分布，主入口的门廊则用两根圆柱支撑。此项目楼梯、立柱、开窗面与几何体的进退关系直接反映的是 20 世纪 30 年代国际建筑界盛行的新实在精神、国际式样的建筑语言。

　　抗战结束后，兴业建筑总部从重庆返回南京与上海，继续建筑业务。当时，建筑师靠营造厂揽活，由于陶馥记营造厂与政府高层关系很好，兴业建筑经济力量较弱，便将办公处设在营造厂的办公楼内，业务获得了陶桂林的支持。1947 年，陶桂林发起成立了中华营业全国联合会，并当选为理事长。这一时期，除了完成未建完的南京中央博物院工程外（1948年建成），还设计有南京丁家桥中央大学附属医院门诊部、南京中央博物院宿舍、南京馥记大厦等项目。南京馥记大厦是承建南京中山陵、广州中山纪念堂工程的陶桂林所创办的馥记营造厂在南京的办公楼，委托兴业建筑的合伙人李惠伯与从

北京和平宾馆　　　　上海张群故居　　　　上海张群故居　　　　上海欧亚航空公司上海龙华站　　上海中国银行宿舍

业人员汪坦共同设计的，建于1948—1951年。南京馥记大厦高3层，底层是馥记营造厂的营业用房，二、三层是出租用的写字间，平面为一长方形，在立面上，李惠伯采用了连续的竖向混凝土板，用以遮阳，中间施以两道横向的水泥板间隔，形成强烈的竖横向对比的构图语言，更是一个倾向于现代建筑的设计。

在上海的奚福泉于1946年承接了上海欧亚航空公司上海龙华站项目。在设计中，奚福泉首重功能与用途，以扇形布局而展开，主要出入口与候机大厅设于中间部位。在立面上，奚福泉设计了连续的出挑檐口与工整排列的立柱组合，简洁的外形体现出实用大方之感，没有任何装饰，平屋顶，倾向于现代建筑的设计。

横向的窗带，女儿墙的透空框架，屋顶花园，底层设有圆柱

在上海的黄作燊曾在20世纪40年代在中国银行建筑课协助陆谦受（建筑课课长）工作（但黄作燊并未正式入职），于1946年前后设计了上海中国银行宿舍。上海中国银行宿舍是中行别业的一部分，占地面积46117亩，为中国近代银行同业内第一所员工宿舍，1923年起由中国银行出资分批建造，有花园、公寓等住宅类型，黄作燊设计的宿舍是一栋沿马路的公寓住宅。此项目高5层，平屋顶，1梯2户，每户3房，主要供给一般职员居住。在设计时，黄作燊在立面上颇具心思，横向的窗带与屋顶女儿墙的透空框架处理强化了立面水平线条的延伸，屋顶透空框架内是屋顶花园，底层设有圆柱，现代建筑的语言鲜明。

黄作燊还有少量作品在济南，即山东济南中等技术学校校舍（食堂、宿舍楼）项目，由黄作燊与部分圣约翰大学学生共同设计完成。在食堂设计部分，由于食堂需要一个较大的空间，黄作燊采用了框架结构，类似于厂房的做法，中间部分是平缓的坡屋顶，且高于两侧，设有高窗，以增加室内通风与采光。而框架结构忠实地表现在外墙上，并以此作为材料分割的界面，一排是红砖，一排是石材，一排是水泥，横向间隔排列，可清晰地看到材料的变化。在宿舍楼设计部分，黄作燊采用"Z"字形布局，主出入口位于"Z"字形的短向（南北向）墙面，次出入口位于"Z"字形长向（东西向）墙面的两端，各设有一室外楼梯，悬挑的室外楼梯依靠一水泥墙拾级而上，颇具新意。建筑内部以中间廊道及东西向居室构成，流线明确简洁。建筑顶部是平缓的坡屋顶。在立面上，使用的材料与食堂一样，但采用竖向分割与排列，一面是红砖，一面是石材与水泥的间隔搭配，与食堂的横向间隔排列形成强烈的对比，而红砖墙上还开设通风的小方孔，颇具心思。由于校舍首重功能，在设计时，黄作燊没有太多花哨的手法，在现代框架结构的基础上，着重材料在墙面上的忠实体现。黄作燊除了实践也投身到办学工作，他的学生中，李德华、王吉螽曾工作于鲍立克的设计公司，协助设计了原上海姚有德故居。

功能依不同的层高而布局，横向的水平延伸形态鲜明

20世纪30、40年代后，上海西郊成为四大家族和民族资本家的落脚地，在虹桥路、淮阳路、哈密路一带建起一批家族式的别墅。中国水泥厂经理姚有德、申新纱厂总经理荣鸿元、永安公司经理郭琳爽、金城银行经理徐国慕、中国内衣公司经理黄汉彦、亨得利钟表行经理庄智鹤、大光明钟表行经理陈花飞、黑人牙膏厂老板严伯林、大同照相馆老板金安迪等人的私宅便在此兴建起来。这些房屋式样各异，皆藏于绿荫中，一般为乡村别墅，用以周末度假或避暑，平时闲置委托专人管理。姚有德当时委托协泰洋行设计故居，实际是由鲍立克与李德华、王吉螽共同设计完成。

上海姚有德故居	广州市银行华侨新村	广州豪贤路住宅	湖南大学学生第二宿舍	湖南大学学生第三宿舍

　　上海姚有德故居建于 1948 年，建筑面积 800 平方米，高 2 层，混合结构，是一座独院式花园别墅，有住宅外围绕着很大的庭园。由于场地是起伏的坡地，设计上顺应地形，各功能空间依不同的层高而布局，设一半地下室，有餐厅、厨房间和佣人住房；二楼为客厅，有个外挑的阳台，起居室、卧房分置两侧，起居室设有室内庭园景观（假山、小桥流水和树木花卉），与室外的景观（池水、草坪、花丛）形成呼应，而起居室顶部是玻璃天窗，可滑动启闭。房子外有一小型游泳池及宽广的大草坪和花园。在形体与立面上，横向的水平延伸形态鲜明，屋盖为板式大挑檐水泥板，外墙用毛石砌筑，转折性的流动空间语汇，与周围环境完美结合，空间十分和谐，以上皆是受赖特影响的现代建筑设计手法。之后，李德华等老师设计的上海同济大学教工俱乐部，也是此类倾向与手法。

以生活功能引出室内空间布局，并带出外在形式

　　在广州的杨锡宗，于 1946 年设计的广州市银行华侨新村，也充分体现现代建筑设计的语汇和精神，手法相当成熟。在设计上，杨锡宗采取独立式住宅和集合住宅相结合的设计，多是坐北朝南，在独立式住宅部分，皆 2 层高，有 2 个出入口，一主一次，主入口设在住宅中间处，上方有一平板雨披，让主入口、玄关处成一半室外空间。一进到室内即面对着楼梯，空间以楼梯为核心向两侧展开，包括有客厅、餐厅、厨房、厕所等，后方有一车库，二层则是 4 间卧室及 2 间浴室，这是一个倾向于现代建筑的功能导向设计，以生活功能引出室内空间布局，并带出外在形式，中规中矩，不带任何多余的表情，在形式上，平顶、角窗（转角不落柱）、遮阳板、格栅等物件构成了一幅简单明了的现代建筑住宅。

　　广州豪贤路住宅是张光琼（1907—1975 年，海南文昌人，云南讲武堂第 18 期炮科毕业，中国近代军人）故居，由林克明设计。此项目高 2 层，局部 3 层，一楼配有客厅、厨房、佣人房和杂物房，二楼有主卧房、卧室，前后均有庭院。由于战后复兴，经济拮据，在设计时，林克明以精简的几何体构成房屋的主体，既省钱，建造也快速，是个倾向于现代建筑的设计。

共享庭院，1/4 圆弧形收边，圆形窗，风格派的构图，材料构成简洁，倾向于未来主义

　　20 世纪 30 年代中期后，在湖南大学土木工程系办学与任教的柳士英，与湖南土木、建筑界人士组建长沙迪新土木建筑公司，并任总工程师，此后便一直待在中南地区发展。1934 年，柳士英对湖南大学校区进行扩建与规划，将教学区、宿舍区、实习工厂、学生活动区等校舍顺应地形作合理的安排，使校舍融于山林之中。抗战爆发后，校舍大部分都遭到日军轰炸损毁，湖南大学便西迁辰溪龙头垴建分校，也由柳士英设计，多为临时性的校舍，较为简陋。抗战胜利后，1946年湖南大学复原迁回长沙本校，柳士英便组织重建校园，这个时期设计了不少校舍，其中的湖南大学学生第二宿舍、湖南大学学生第三宿舍、湖南大学学生第九宿舍、湖南大学学生第七宿舍、湖南大学工程馆是一系列倾向于现代建筑的设计创作，这些校舍建成后，也为柳士英迎来实践后的设计高潮。

　　湖南大学学生第二宿舍，高 2 层，假 3 层，坡屋顶，覆盖青瓦。在设计时，柳士英以"U"字形布局，由中间走廊及两旁寝室的单廊组成的"日"字形空间，共同围绕着共享庭院，卫生间、盥洗间设在院中，以适应学生生活要求，并达到隔声及通风的效果。中间以一条通廊联系两侧，与建筑物构成的形态，仿似合院式的空间精神。在立面上，柳士英有许多细部设计手法的体现，如主入口门上方的竖向条窗加分割边柱的处理，而门上端雨挡及两侧为 1/4 圆弧形收边处理，外墙

湖南大学学生第七宿舍　　　　湖南大学工程馆　　　　湖南大学工程馆　　　　湖南大学工程馆　　　　同济大学文远楼

砖面上开设 4 个圆形窗。值得注意的是，柳士英在外墙面上常以白色水泥线板勾边，并环绕着窗户与墙面，在青砖墙上显得非常醒目，同时还带有点风格派设计的构图美感，寓美于纯粹与简朴之中。而在材料与色彩上，柳士英尽量让它层级分明，清一色的处理，有时是一面青砖墙、青瓦，有时是一面清水墙，材料构成也显得简洁明快。虽然，屋顶为坡屋顶，但整体上是倾向于现代建筑的设计。同样的在湖南大学学生第三宿舍与湖南大学学生第九宿舍的设计中也是如此展现。

湖南大学学生第七宿舍则是柳士英倾向于未来主义的设计。未来主义是 1907 年在意大利兴起的反传统艺术运动，运动宗旨以强调世界统一性的表现，并配合着机械动力所展现出来的速度美感，贴近于混凝土与钢骨结合的极致表现，其创始人是圣伊利亚（St. Elia），他曾绘制许多未来派对世界城市的建筑想象图，巨大机械的建筑林立在城市中，包含了巨大阶梯形的楼房、高架铁道、高速公路及飞机的跑道，汇集在同一栋建筑中，表现出崇拜机械的姿态。而第七宿舍在正立面语汇上，相当程度是倾向于未来主义的设计，展现出机械工业的美学与形态。此项目高 3 层，对称式布局，设计重点在正立面的主入口处。在设计中，柳士英仍有许多细部的设计手法，圆窗在此依然出现，在中间部分墙面的顶端设 3 个，彼此相连，还有点造型，而圆窗上是弧形的顶端处理，在两侧转向直角来收边，也暗示其身后屋顶阁楼的功能。中间部分的屋身竖向 3 段式等距分割，两旁是石材贴面，中间为玻璃窗，设有一弧形雨披。主入口分两处，一处由半圆形挖空的底层进入，一处由户外楼梯而上进入，户外楼梯两侧墙面有对称的八角洞，而半圆形挖空的上方以曲线凸面与楼梯扶手凸面作联系的处理。因此，种种的细部手法构成一个倾向于未来主义的设计。

倾向于表现主义，塑形特征，圆转弧，动态性，圆曲结合

在湖南大学工程馆项目中，柳士英以倾向于表现主义的手法来设计，建筑的外在形式有着不少的圆弧处理，着重在塑形性质的艺术特征，而水平窗带中半圆带形的窗口与墙体之间的圆转弧形的流线细部处理，增加了建筑形体的立体表现，建筑犹如一件雕塑品，呈现出动态性与流线型，柳士英企图追求外墙上刚性静态与柔性动态的圆曲结合，让人通过观形而体察出作者内在情感的自我表现与抒发，现代建筑的语言鲜明。

现代建筑的集合体，零碎截取了现代建筑的设计元素

新中国成立后，在上海，为建设新校园，1951 年同济大学校务会议行文教育部请求批准添设工务组，隶属于秘书处，而工务组是专门为建筑修缮工程而设立的，工程专门人才皆由同济老师担任，负责学校工程事务，1953 年成为设计处。当时由哈雄文统筹领导，主持同济校园总体规划设计，先建一座工程馆，即文远楼，并要求该楼屋顶可置天文测量仪器，供教学和研究之用。而文远楼就由哈雄文与黄毓麟共同设计，而他们也隶属于设计处第一设计室。

同济大学文远楼从空间、功能布局到细部都体现了倾向于现代建筑的设计。位于校园东南侧，平面为一长一短向的"一"字形平面，南北向，高 3 层，部分 4 层，采用不对称的布局，属钢筋混凝土框架结构，有别于当时一般校园建筑的砖混结构，也是为了因应功能要求与设计手法上的考量。建筑在南北两侧设出入口，方便人流疏通，而两侧出入口与内部过道空间、直向楼梯形成了室内的中介空间，并向内退缩形成挑空，而中介空间也形成两个不同的功能体系：一侧是阶梯教室，是院系调整后班级人数增加而设计的，而阶梯教室皆被布局靠近中间出入口，以方便人流的疏散，利用中间出入口

华南土特产展览会物资交流馆　　华南土特产展览会工矿馆　　华南土特产展览会水产馆　　华南土特产展览会水产馆　　中山医学院所属房舍

的缓冲与隔绝，减少对另一侧功能空间的干扰，而阶梯教室的东西向连接廊中设置了男女厕所，以方便使用；一侧是办公室、教学空间与专业教室，中间通廊两侧为教室及开敞的专业制图教室，也有小的专业教室，而教室内皆是大面积的玻璃采光，增加了室内的明亮。文远楼在空间上体现包豪斯精神，这也在垂直过道空间中展现，而室内为了增加高度感及转换的空间感，局部管线外露与走明，且局部顶棚未粉刷过，或是拆模后的混凝土形态，而地面是传统的磨石子地坪，并在墙面交接处与楼梯边缘做了黑色的收边处理。文远楼在入口处采用不同的设计，南侧入口面向景观草坪，入口处拉出一块几何体量，并做切挖，形成入口门厅，以 6 根小圆柱支撑，两侧是长方形体量的组合，倾向于几何关系的构成，北侧入口面向建筑群，在既有的长方体加建一个雨棚形成入口门厅，雨棚为上卷的弧形处理，为笔直僵硬的建筑线条带来了些许趣味，而入口上方的竖向墙板与横向雨棚也形成了一种对比性，同时是倾向于维也纳分离派的设计语言。因此，文远楼的设计就像是一个现代建筑的集合体，零碎截取了现代建筑的设计元素。但在外立面上，有部分的古典装饰元素及细部处理。而同济校园中的部分学生宿舍，设计简洁，方正几何，平屋顶，也都是倾向于现代建筑的设计。黄毓麟在同一时期也承接了上海儿科医院与上海中央音乐学院华东分院教学楼 60 号楼项目，也倾向于现代建筑的设计。

底层架空，平屋顶，白色几何体，体量组合，低薄的檐口

1949 年后，新中国进入到计划经济时期，由于地理位置（珠江三角洲，临港澳）原因，广州成为最重要的对外贸易区域。1951 年政府为了恢复商业贸易活动，促进生产，提出举办以内贸为主的华南土特产展览交流大会，择地，兴建展馆，计划建成 10 多栋展览建筑（物资交流馆、工矿馆、日用品工业馆、手工业馆、食品馆、农业馆、水果蔬菜馆、林产馆、水产馆、省际馆）及 2 个部（交易服务部、文化娱乐部）。由林克明负责场地规划与组织，并找来广州市建设委员会、中山大学建筑工程系、广州市设计院、广东省建筑设计院等不同部门的建筑师共同设计，是一个集群设计，包括有林克明、夏昌世、谭天宋、余清江、陈伯齐等建筑师参与其中，在设计中，他们不约而同都倾向于现代建筑的设计。

物资交流馆由谭天宋设计，他是原中山大学建筑工程系的老师，此馆是交流大会的第一展馆，作为综合性使用，建筑入口处底层架空，平屋顶，白色几何体，较倾向于现代建筑。工矿馆由林克明设计，几何体量的组合，简洁明快，是个对称式的设计。水产馆由夏昌世设计，也是个倾向于现代建筑的设计，注重内部现代展览功能的合理布局，适宜灵活，入口处有两个水池，水池边是沙池，门厅外采用小圆柱撑起低薄的檐口组合，没有多余的装饰，节省投资，几何语言鲜明（以体量创造出船的造型），简洁利落。手工业馆由郭尚德设计，"十"字形的平面布局，展览路线流畅，白色体量更具有横向的延伸性，同样也没有多余的装饰元素，水平窗带，平屋顶，是个现代建筑的设计。省际馆由陈伯齐设计，采用不对称的平面布局，立面上竖向与格子语言混搭，竖横向的体量组合更趋明显。

经济，实用，考虑微气候，纤细的柱和轻薄的板，流动空间

夏昌世在同一时期也设计了广州中山医学院药理寄生虫研究大楼、广州中山医学院教学楼、广州华南工学院旧图书馆、广州华南工学院化工实验室大楼。以上这些项目皆体现了经济、实用的现代建筑特色，又兼具理性（受德国现代建筑的影响），并考虑场地的适应性及微气候的现实面，寻求建筑上的遮阳、隔热和通风的解决方法，运用多种材料与构造形式（竹

中山医学院药理寄生虫研究大楼　广州华侨新村　　东北工学院长春分院教学楼　　蒙古国乔巴山国际宾馆　　斯里兰卡国际会议大厦

筋混凝土、砖砌拱顶、钢筋砖、无梁楼板和通风百叶等）加以处理，大体上皆采用框架结构，建筑用纤细的柱和轻薄的板构成，体现一种轻逸与通透的设计语言，有别于传统的厚重，而在轻逸与通透的构筑下更突显材料的质感与肌理，而建筑内部则采用自由的流动空间，兼具南方园林的特色。

不对称布局，几何体，平屋顶，水平窗带，底层架空

广州市政府在新中国成立后因应广州华侨众多的特点兴建华侨新村，组织筹建委员会，由林克明负责技术指导，由黄适、陈伯齐、金泽光、余清江等建筑师组成设计委员会。华侨新村多为独院式花园住宅，少量多层公寓，皆体现倾向现代建筑的设计，不对称布局，几何体量组合，平屋顶，转角窗，水平窗带，底层架空。外墙涂料为米黄与苹果绿，楼梯间用淡灰色水刷石与清水红砖墙，部分墙面是白、灰色水刷石，整体住宅色调多样，和谐共融。

竖横向的几何体量组合

刘鸿典早年在上海执业时的设计皆倾向于现代建筑，1949年后，刘鸿典赴东北，任东北工学院二级教授，兼教研室主任，还兼任建校设计室主任，负责东北工学院校园规划及部分建筑设计，同时期还设计了东北工学院长春分院教学楼。此项目因墙体上布满粉饰的鸽子而被称之为"鸽子楼"，并体现着竖横向的几何体量组合，是个倾向于现代建筑的设计。

现代建筑的延续，规模小，建设速度快，居住需求，宽松的条件

从前文可知，20世纪上半叶的中国近代建筑师已拥抱现代主义思潮、现代建筑，并一直持续到新中国成立后，部分建筑师在应对社会主义建设与复兴民族形式的时期中（1949—），也自发性的对现代建筑进行延续与试验，设计出一批温吞的现代建筑，它们有着共同特征：规模小、建设速度快、符合社会居住需求、政府给予宽松的条件，且更多地体现对现代性的追求。人民解放军总政治部文工团排练场由林乐义设计。林乐义对观演建筑有所钻研，妥善地处理排练场的自然声，效果颇佳，而不对称布局与几何体块的构成，体现了林乐义对现代建筑的偏爱。北京木材厂木材综合利用展览馆是林乐义另一个作品，在现代建筑的基础上，林乐义关注到材料的轻巧处理与构成，让临时性的展馆空间更加地流畅。蒙古国乔巴山国际宾馆与高级住宅由龚德顺设计，是个援建项目，不对称布局，平屋顶，弧形雨棚，出挑阳台，底层架空，几何体块的高低变化等，都显示出龚德顺企图抛开在设计建工部办公楼对民族形式的探索，以更纯粹的姿态向现代建筑迈进，彻底地焕发出对现代建筑的自由追求。斯里兰卡班达拉奈克国际会议大厦由戴念慈设计，纤细的柱子将建筑顶出了一片天，挑檐的巨大让建筑体现出一种巨大的纯粹性，同时削弱了建筑的沉重感。

三波高潮，1933年前后已同步于世界，新中国成立后自发性的延续

综观中国近代建筑师的现代建筑在中国的实践，虽然晚于古典与折中，但它也出现过三波高潮，分别是1933—1937年间、1946—1948年间、1951年之后。若同时分析世界上现代建筑产生的时间（约在1930年前后），从中可观察到，中国的现代建筑产生只晚了世界上的现代建筑约2—3年时间，也就是说，中国对现代建筑的追求在1933年前后已同步于世界，并在新中国成立后进行了自发性的延续。

第一编　1920 年代：国民政府定都南京阶段

01. 天津中国银行货栈　1928
杨廷宝（基泰工程司）

图片取自：杨伟成主编. 中国第一代建筑结构工程设计大师杨宽麟. 天津：
天津大学出版社，2011.

02. 天津王天木故居　1929
阎子亨（中国工程司）

第二编　1930 年代：抗战前、抗战时初期阶段

01. 天津王占元故居　1931
沈理源（华信工程司）

02. 上海康绥公寓 1932
奚福泉（启明建筑）

03. 北洋工学院工程学馆　1933
阎子亨（中国工程司）

04. 上海白赛仲路公寓　1933
奚福泉（启明建筑）

05. 大上海大戏院　1933
赵深、陈植、童寯（华盖建筑）

06. 上海金城大戏院　1933
赵深、陈植、童寯（华盖建筑）

07. 南京首都饭店　1933
童寯（华盖建筑）

图片取自：（澳）丹尼森，（澳）广裕仁著　吴真贞译.中国现代主义　建筑的视角与变革.北京：电子工业出版社，2012.

08. 青岛周娌香别墅　1934
苏夏轩

09. 长沙湖南电灯公司办公楼　1934
柳士英

10. 上海协发公寓　1934
范文照

11. 上海西摩路与福煦路转角处市房公寓　1934
范文照、伍子昂

图片取自：娄承浩、薛顺生编著. 上海百年建筑师和营造师. 上海：同济大学出版社，2011.

12. 上海虹桥疗养院　1934
奚福泉（启明建筑）

图片取自：（澳）丹尼森，（澳）广裕仁著 吴真贞译 . 中国现代主义 建筑的视角与变革 . 北京：电子工业出版社，2012.

图片取自：（澳）丹尼森，（澳）广裕仁 著 吴真贞译. 中国现代主义 建筑的视角与变革. 北京：电子工业出版社，2012.

13. 上海林肯路中国银行公寓　1934
赵深、陈植、童寯（华盖建筑）

14. 北京大学女生宿舍　1935
梁思成、林徽因

图片取自：梁思成著. 梁思成全集　第九卷. 北京：中国建筑工业出版社，2001.

15. 北京大学地质学馆　1935
梁思成、林徽因

图片取自：梁思成著．梁思成全集 第九卷．北京：中国建筑工业出版社，2001.

16. 天津防盲医院　1935

阎子亨（中国工程司）

17. 上海孙克基妇孺医院　1935
庄俊

18. 上海中国航空协会陈列馆及会所　1935
董大酉（上海市中心区域建设委员会）

19. 上海震旦东路董大酉自宅　1935
董大酉

图片取自：《建筑师》第 10 期. 北京：中国建筑工业出版社《建筑师》编辑部，1982.

图片取自：《建筑师》第 10 期．北京：中国建筑工业出版社《建筑师》编辑部，1982.

图片取自：《建筑师》第 10 期 . 北京：中国建筑工业出版社《建筑师》编辑部，1982.

20. 上海政同路住宅 1935
杨润玉（华信建筑）

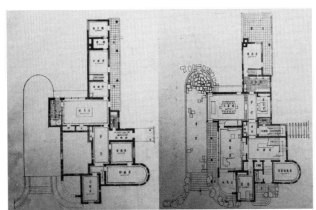

图片取自：《中国建筑》第 29 期．上海：中国建筑师学会，1937.

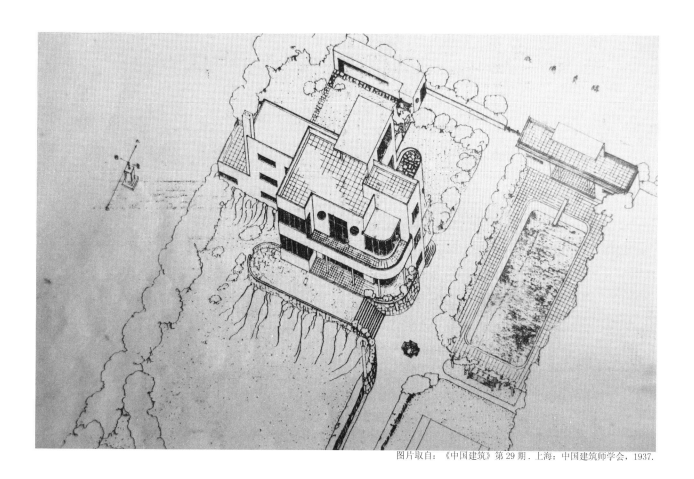

图片取自：《中国建筑》第 29 期．上海：中国建筑师学会，1937．

21. 上海恩派亚公寓　1935
黄元吉（凯泰建筑）

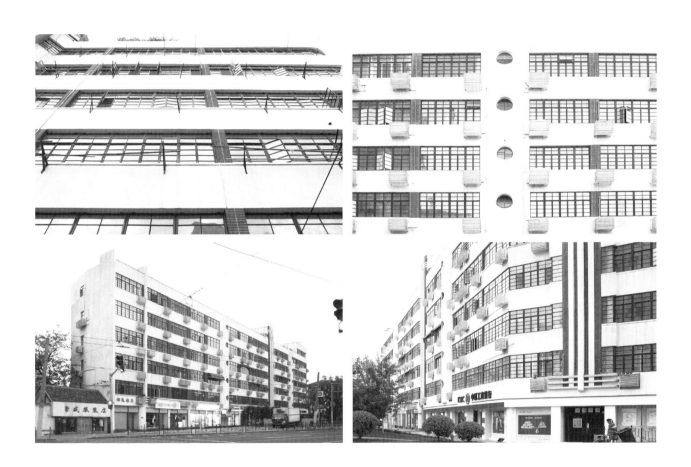

22. 上海合记公寓　1935
赵深、陈植、童寯（华盖建筑）

图片取自：童寯著．童寯文集 第二卷．北京：中国建筑工业出版社，2001．

23. 上海梅谷公寓　1935
赵深、陈植、童寯（华盖建筑）

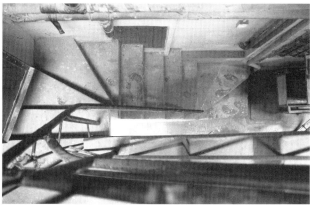

24. 上海敦信路住宅　1935
赵深、陈植、童寯（华盖建筑）

25. 上海中国银行堆栈仓库 1935
陆谦受、吴景奇（中国银行建筑课）

26. 南京大华大戏院　1935
杨廷宝（基泰工程司）

27. 南京水晶台地质调查所陈列馆　1935
童寯（华盖建筑）

民國廿四年 地質鑛產陳列館 實業部

28. 广东省立勤勤大学校舍 1935
林克明（广州市工务局）

图片取自：广东省立勤勤大学教务处编 . 广东省立勤勤大学概览 . 广州：广东省立勤勤大学，1937.

图片取自：广东省立勤勤大学教务处编.广东省立勤勤大学概览.广州：广东省立勤勤大学，1937.

29. 中山大学发电厂　1935

林克明

30. 中山大学学生宿舍　1935
林克明

31. 广州林克明自宅　1935
林克明

32. 天津寿德大楼　1936
阎子亨（中国工程司）

33. 北洋工学院工程实验馆 1936
阎子亨（中国工程司）

34. 京沪、沪杭甬铁路管理局大楼 1936
董大酉

35. 上海吴兴路花园住宅 1936
董大酉

图片取自：《建筑师》第 10 期．北京：中国建筑工业出版社《建筑师》编辑部，1982.

36. 上海浦东大厦　1936
奚福泉（公利工程司）

图片取自：娄承浩、薛顺生编著．上海百年建筑师和营造师．上海：同济大学出版社，2011.

37. 上海欧亚航空公司龙华飞机棚厂　1936
奚福泉（公利工程司）

图片取自：（澳）丹尼森，（澳）广裕仁著 吴真贞译．中国现代主义 建筑的视角与变革．北京：电子工业出版社，2012．

38. 上海中国银行同孚大楼　1936
陆谦受、吴景奇（中国银行建筑课）

39. 南京国际联欢社　1936
梁衍（基泰工程司）

40. 南京首都电厂 1936
赵深、陈植、童寯（华盖建筑）

图片取自：童寯著. 童寯文集 第二卷. 北京：中国建筑工业出版社，2001.

图片取自：童寯著．童寯文集 第二卷．北京：中国建筑工业出版社，2001.

41. 中华书局广州分局　1936
范文照

42. 天津茂根大楼　1937
阎子亨、陈炎仲（中国工程司）

43. 上海大西路惇信路伍志超住宅　1937
董大酉

44. 上海自由公寓　1937
奚福泉（公利工程司）

45. 上海西藏公寓　1937
赵深、陈植、童寯（华盖建筑）

图片取自：童寯著．童寯文集 第二卷．北京：中国建筑工业出版社，2001.

46. 中山大学电话所　1937
胡德元

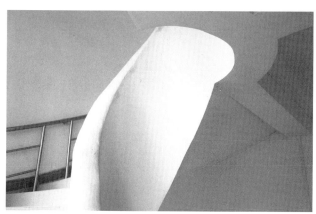

47. 上海沙发花园　1938
刘鸿典（上海交通银行）

48. 广州黄玉瑜自宅　1938
黄玉瑜

图片取自：华侨建筑师黄玉瑜生平事迹展

49. 天津孙季鲁故居　1939
雍惠民

50. 上海福开森路 4 号住宅　1939
奚福泉（公利工程司）

51. 上海贝当路 249 号住宅　1939
顾鹏程

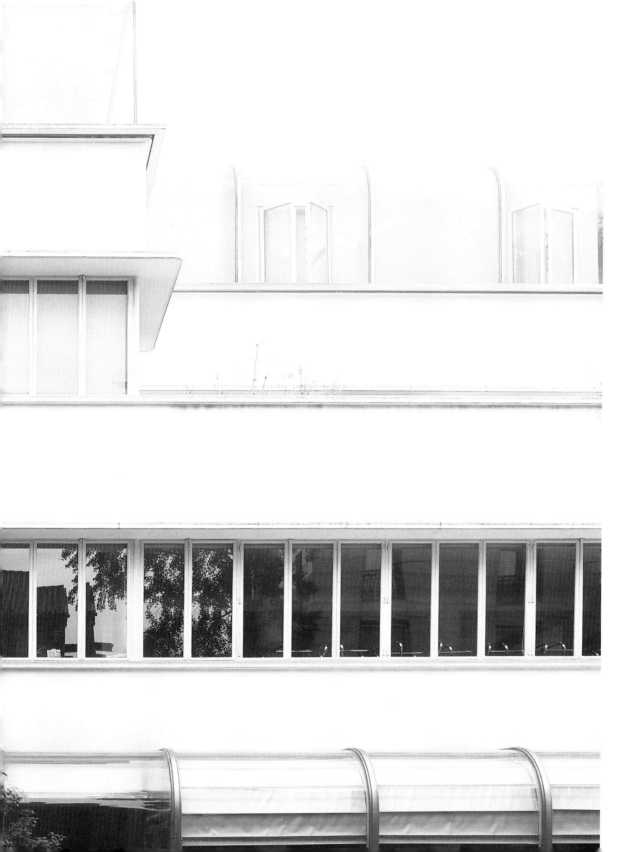

52. 上海福开森路 12 号住宅　1939
谭垣

53. 昆明南屏大戏院　1939
赵深（华盖建筑）

图片取自：张辉主编. 云南建筑百年 1911—2011. 昆明：云南人民出版社，2011.

图片取自：[...]大楼建筑百年 1911—2011. 昆明：云南人民出版社，2011.

第三编　1940 年代：抗战中后期、抗战胜利后阶段

01. 上海玫瑰别墅　1940
奚福泉（公利工程司）和董大酉、陈植等

02. 重庆圆庐　1940
杨廷宝（基泰工程司）

03. 天津久安大楼　1941
阎子亨（中国工程司）

04. 上海美琪大戏院　1941
范文照

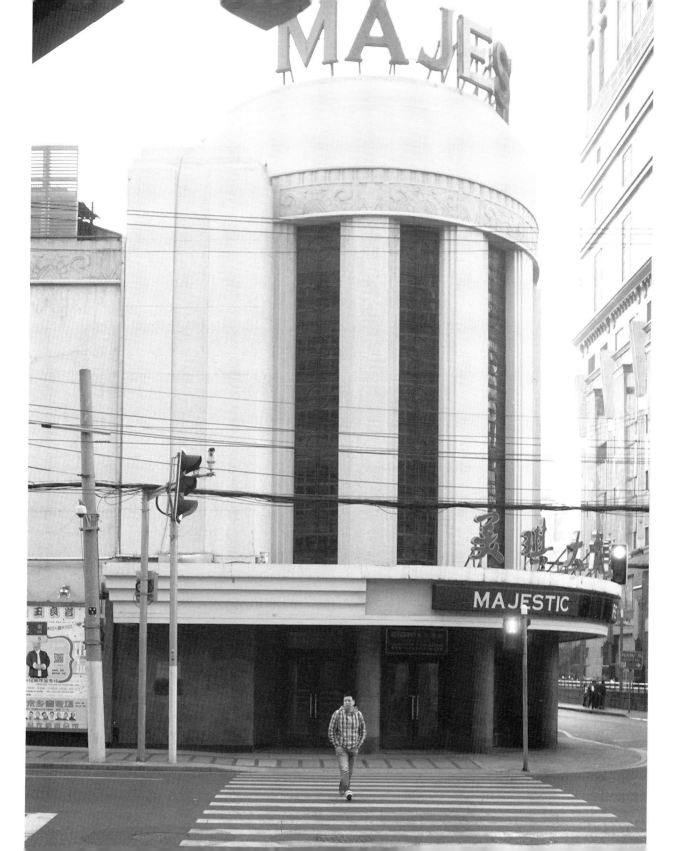

05. 上海裕华新村 1941
徐敬直（兴业建筑）

06. 上海集雅公寓　1942
范文照

07. 重庆滑翔总会跳伞塔 1942
杨廷宝（基泰工程司）

08. 昆明南屏街银行　1942
赵深（华盖建筑）

图片取自：童寯著. 童寯文集 第二卷. 北京：中国建筑工业出版社，2001.

澜 汇 过 太 莱

瀛 寰 湖 嬉 店

图片取自：童寯著．童寯文集 第二卷．北京：中国建筑工业出版社，2001.

09. 贵阳儿童图书馆　1943
童寯（华盖建筑）

图片取自：童寯著. 童寯文集 第二卷. 北京：中国建筑工业出版社，2001.

10. 昆明酒杯楼　1944

徐敬直、李惠伯（兴业建筑）

11. 重庆建国银行行屋　1944
徐敬直、李惠伯（兴业建筑）

12. 南京美国顾问团公寓大楼　1945
童寯（华盖建筑）

图片取自：童寯著．童寯文集 第二卷．北京：中国建筑工业出版社，2001.

13. 湖南大学学生第二宿舍　1946
柳士英

14. 湖南大学学生第三宿舍　1946
柳士英

307

15. 湖南大学学生第九宿舍　1946
柳士英

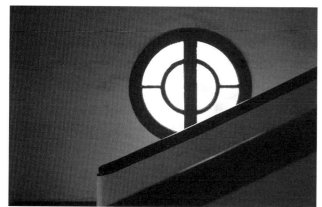

16. 上海龙华机场候机楼 1946
徐中（交通部民航局）

17. 上海中国银行宿舍　1946
黄作燊

18. 广州市银行华侨新村　1946
杨锡宗

19. 湖南大学学生第七宿舍　1947
柳士英

20. 上海张群故居　1947
汪坦（兴业建筑）

21. 无锡茂新面粉厂　1947
赵深（华盖建筑）

22. 南京下关火车站扩建　1947
杨廷宝（基泰工程司）

图片取自：王建国主编．杨廷宝建筑论述与作品选集．北京：中国建筑工业
出版社，1997．

23. 南京新生俱乐部　1947
杨廷宝（基泰工程司）

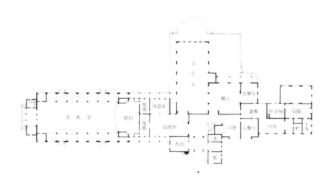

图片取自：王建国主编．杨廷宝建筑论述与作品选集．北京：中国建筑工业出版社，1997．

图片取自：王建国主编．杨廷宝建筑论述与作品选集．北京：中国建筑工业出版社，1997．

24. 南京招商局候船楼　1947
杨廷宝（基泰工程司）

25. 广州豪贤路住宅　1947
林克明

26. 上海姚有德故居　1948
李德华、王吉螽等

一号门
No.1 Gate

27. 南京孙科故居　1948
杨廷宝（基泰工程司）

28. 南京国民党通讯社办公楼　1948
杨廷宝（基泰工程司）

第四编　1950、1960 年代：新中国成立后阶段

01. 上海浙江第一商业银行　1950
陈植（华盖建筑）

02. 南京馥记大厦　1951
李惠伯（兴业建筑）

图片取自：张燕主编. 南京民国建筑艺术. 南京：江苏科学技术出版社，
2000.

03. 湖南大学工程馆　1951
柳士英

04. 广州华南土特产展览会物资交流馆　1951
谭天宋

图片取自：石安海主编.岭南近现代优秀建筑·1949—1990 卷.北京：中国建筑工业出版社，2010.

图片取自：石安海主编．岭南近现代优秀建筑·1949—1990卷．北京：中国建筑工业出版社，2010．

05. 广州华南土特产展览会水产馆　1951
夏昌世

401

06. 台北糖业公司大楼　1951
陈植（华盖建筑）

07. 东北工学院长春分院教学楼　1952
刘鸿典

08. 广州华南土特产展览会工矿馆　1952
林克明

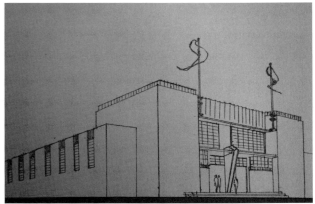

图片取自：石安海主编．岭南近现代优秀建筑·1949—1990卷．北京：中国建筑工业出版社，2010.

图片取自：石安海主编．岭南近现代优秀建筑·1949—1990卷．北京：中国建筑工业出版社，2010.

09. 东北工学院学生宿舍　1953
刘鸿典

10. 人民解放军总政治部文工团排练场　1953

林乐义

图片取自：中国建筑设计研究院编．建筑师林乐义．北京：清华大学出版社，2003.

11. 北京和平宾馆　1953
杨廷宝

LE CABERNET

Le Cabernet

12. 同济大学文远楼　1953
黄毓麟、哈雄文（同济大学工务组设计处）

13. 中央音乐学院华东分院 60 号楼　1953
黄毓麟（同济大学工务组设计处）

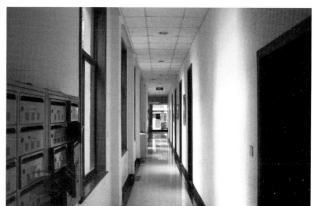

14. 同济大学学生宿舍　1953
祝永年（同济大学工务组设计处）

15. 中山医学院第一附属医院所属房舍　1953

夏昌世

16. 中山医学院药理寄生虫研究大楼　1953
夏昌世

17. 中山医学院生化楼　1953
夏昌世

图片取自：石安海主编．岭南近现代优秀建筑·1949—1990卷．北京：中国建筑工业出版社，2010.

图片取自：石安海主编. 岭南近现代优秀建筑·1949—1990卷. 北京：中国建筑工业出版社，2010.

18. 武汉同济医院　1955
冯纪忠

19. 广州华侨新村 1955
林克明、黄适、陈伯齐、金泽光、佘畯南等

467

20. 华南工学院 1 号楼 1957
陈伯齐

21. 同济大学教工俱乐部 1957
黄作燊、李德华、王吉螽等

22. 华南工学院化工实验室大楼 1957
夏昌世

23. 北京木材厂木材综合利用展览馆 1958
林乐义

图片取自：中国建筑设计研究院编．建筑师林乐义．北京：清华大学出版社，
2003.

资料来源：中国建筑设计研究院．建筑大师何镜堂作品集．北京：清华大学出版社，2003．

24. 上海闵行一条街 1959
陈植、张志模、庄镇芬

25. 上海张庙一条街 1960
陈植、汪定增

26. 蒙古国乔巴山国际宾馆 1960
龚德顺

图片取自：中国建筑设计研究院编．建筑师龚德顺．北京：清华大学出版社，2009．

图片取自：中国建筑设计研究院编．建筑师龚德顺．北京：清华大学出版社，2009.

27. 蒙古国乔巴山高级住宅 1961
龚德顺

图片取自：中国建筑设计研究院编．建筑师龚德顺．北京：清华大学出版社，2009.

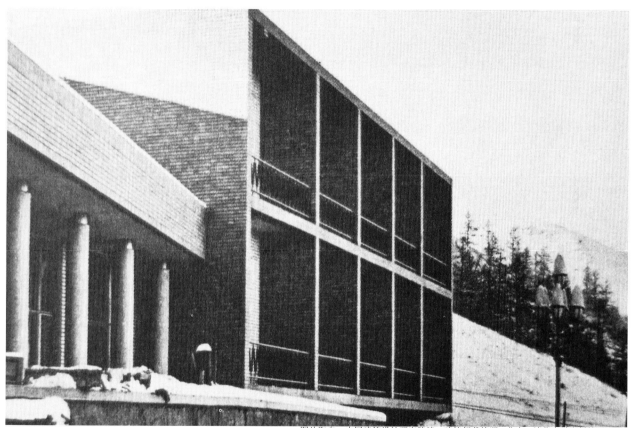

图片取自：中国建筑设计研究院编．建筑师龚德顺．北京：清华大学出版社，2009.

28. 斯里兰卡班达拉奈克国际会议大厦 1964
戴念慈

参考文献 (建筑师头像取自以下文献)

杂志

《中国建筑》，创刊号、第一卷第一期~第一卷第六期、第二卷第一期~第二卷第十一、十二期合刊、第29期.上海：中国建筑师学会，1932—1937.

《建筑月刊》第一卷第六期、第二卷第三期~第二卷第十期、第三卷第一期~第三卷第九期、第四卷第四期~第四卷第七期.上海：上海市建筑协会，1932—1936.

《建筑师》，1~49期.北京：中国建筑工业出版社《建筑师》编辑部，1979—1992.

《建筑业导报》，326~329、332期.北京：建筑业导报社，2004—2005.

图书

贺陈词译.近代建筑史.台北：茂荣图书有限公司，1984.

陈从周，章明主编.上海近代建筑史稿.上海：上海三联书店，1988.

高仲林主编.天津近代建筑.天津：天津科学技术出版社，1990.

杜汝俭，陆元鼎等编.中国著名建筑师林克明.北京：科学普及出版社，1991.

汪坦，张复合编.第三次中国近代建筑史研究讨论会论文集.北京：中国建筑工业出版社，1991.

汪坦，张复合编.第四次中国近代建筑史研究讨论会论文集.北京：中国建筑工业出版社，1993.

林克明著.世纪回顾——林克明回忆录.广州：广州市政协文史资料委员会编，1995.

王建国主编.杨廷宝建筑论述与作品选集.北京：中国建筑工业出版社，1997.

汪坦，张复合编.第五次中国近代建筑史研究讨论会论文集.北京：中国建筑工业出版社，1998.

杨永生，顾孟潮主编.20世纪中国建筑.天津：天津科学技术出版社，1999.

郑时龄著.上海近代建筑风格.上海：上海教育出版社，1999.

邹德侬著.中国现代建筑史.天津：天津科学技术出版社，2001.

东南大学建筑系，东南大学建筑研究所编.杨廷宝建筑设计作品选.北京：中国建筑工业出版社，2001.

张复合主编.中国近代建筑研究与保护（一）.北京：清华大学出版社，1999.

张复合主编.中国近代建筑研究与保护（二）.北京：清华大学出版社，2001.

张复合主编.中国近代建筑研究与保护（三）.北京：清华大学出版社，2003.

张复合主编.中国近代建筑研究与保护（四）.北京：清华大学出版社，2004.

张复合主编.中国近代建筑研究与保护（五）.北京：清华大学出版社，2006.

张复合主编.中国近代建筑研究与保护（六）.北京：清华大学出版社，2008.

张复合主编.中国近代建筑研究与保护（七）.北京：清华大学出版社，2010.

张复合主编.中国近代建筑研究与保护（八）.北京：清华大学出版社，2012.

卢海鸣，杨新华主编.南京民国建筑.南京：南京大学出版社，2001.

邹德侬等著.中国现代建筑史.北京：机械工业出版社，2003.

杨秉德，蔡萌著.中国近代建筑史话.北京：机械工业出版社，2003.

中国建筑设计研究院.建筑师林乐义.北京：清华大学出版社，2003.

李海清著.中国建筑现代转型.南京：东南大学出版社，2004.

刘景梁主编.天津建筑图说.北京：中国城市出版社，2004.

杨永生编.哲匠录.北京：中国建筑工业出版社，2005.

杨永生，刘叙杰，林洙著.建筑五宗师.天津：百花文艺出版社，2005.

刘怡，黎志涛著.中国当代杰出的建筑师 建筑教育家杨廷宝.北京：中国建筑工业出版社，2006.

《建筑创作》杂志社主编.石阶上的舞者——中国女建筑师的作品与思想纪录.北京：中国建筑工业出版社，2006.

李怡著.现代性 批判的批判.北京：人民文学出版社，2006.

杨永生，王莉慧编.建筑史解码人.北京：中国建筑工业出版社，2006.

赖德霖主编.王浩娱，袁雪平，司春娟编.近代哲匠录——中国近代重要建筑师、建筑事务所名录.北京：中国水利水电出版社，2006.

许乙弘著.Art Deco的源与流——中西"摩登建筑"关系研究.南京：东南大学出版社，2006.

赖德霖.中国近代建筑史研究.北京：清华大学出版社，2007.

刘先觉，王昕编著.江苏近代建筑.南京：江苏科学技术出版社，2008.

邓庆坦著.中国近现代建筑历史整合研究论纲.北京：中国建筑工业出版社，2008.

伍江著.上海百年建筑史 1840—1949.第2版.上海：同济大学出版社，2008.

上海市文物管理委员会编.上海工业遗产实录.上海：上海交通大学出版社，2009.

中国建筑设计研究院.建筑师龚德顺.北京：清华大学出版社，2009.

沙永杰，纪雁，钱宗灏著.上海武康路：风貌保护道路的历史研究与保护规划探索.上海：同济大学出版社，2009.

邹德侬，王明贤，张向炜著.中国建筑60年（1949—2009）：历史纵览.北京：中国建筑工业出版社，2009.

昆明市规划局，昆明市规划编制与信息中心编.昆明市挂牌保护历史建筑.昆明：云南大学出版社，2010.

陈伯超主编.沈阳城市建筑图说.北京：机械工业出版社，2010.

石安海主编.岭南近现代优秀建筑：1949—1990卷.北京：中国建筑工业出版社，2010.

魏枢著."大上海计划"启示录：近代上海市中心区域的规划变迁与空间演进.南京：东南大学出版社，2011.

杨伟成主编.中国第一代建筑结构工程设计大师杨宽麟.天津：天津大学出版社，2011.

娄承浩，薛顺生编著.上海百年建筑师和营造家.上海：同济大学出版社，2011.

张辉主编.云南建筑百年：1911—2011.昆明：云南人民出版社，2011.

彭长歆著.现代性·地方性——岭南城市与建筑的近代转型.上海：同济大学出版社，2012.

钱海平等著.中国建筑的现代化进程.北京：中国建筑工业出版社，2012.

王河著.岭南建筑学派.北京：中国城市出版社，2012.

同济大学建筑与城市规划学院编.黄作燊纪念文集.北京：中国建筑工业出版社，2012.

童明编.赭石：童寯画纪.南京：东南大学出版社，2012.

梁志敏著.广西百年近代建筑.北京：科学出版社，2012.

（澳）丹尼森，（澳）广裕仁著.吴真贞译.中国现代主义：建筑的视角与变革.北京：电子工业出版社，2012.

娄承浩，陶祎珺著.陈植.北京：中国建筑工业出版社，2012.

黎志涛著.杨廷宝.北京：中国建筑工业出版社，2012.

沈振森，顾放著.沈理源.北京：中国建筑工业出版社，2012.

同济大学建筑与城市规划学院编.吴景祥纪念文集.北京：中国建筑工业出版社，2012.

梁志敏编.广西百年近代建筑.北京：科学出版社，2012.

谈健，谈晓玲著.建筑家夏昌世.广州：华南理工大学出版社，2012.

胡荣锦著.建筑家林克明.广州：华南理工大学出版社，2012.

陈周起著.建筑家龙庆忠.广州：华南理工大学出版社，2012.

潘小娴著.建筑家陈伯齐.广州：华南理工大学出版社，2012.

彭长歆，庄少庞编著.华南建筑80年：华南理工大学建筑学科大事记（1932—2012）.广州：华南理工大学出版社，2012.

黄元炤编著.范文照.北京：中国建筑工业出版社，2015.

黄元炤编著.柳士英.北京：中国建筑工业出版社，2015.

黄元炤著.《中国近代建筑纲要（1840—1949年）》.北京：中国建筑工业出版社，2015.